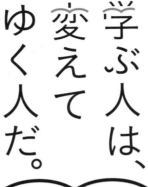

学ぶ人は、
変えて
ゆく人だ。

目の前にある問題はもちろん、

人生の問いや、

社会の課題を自ら見つけ、

挑み続けるために、人は学ぶ。

「学び」で、

少しずつ世界は変えてゆける。

いつでも、どこでも、誰でも、

学ぶことができる世の中へ。

旺文社

数 学
整 数
分野別 標準問題精講

改訂版

大山 壇 著

Standard Exercises in Basic Number Theory

旺文社

はじめに

　人類が最初に発明した「数」は何でしょうか？ $\sqrt{2}$ や円周率 π を原始の人類が考えたとは到底思えません．おそらく，自然数でしょう．そこから，整数，有理数，実数，…と拡張していったはずです．その順番は，現代に生きる私たちにとっても学習する順序に現れています．つまり，私たちにとって最も馴染み深い「数」が自然数なのです．ところが，それが大学入試になると，いわゆる『整数問題』は受験生たちが苦手とする分野の上位に来てしまいます．その理由は「教科書の定理・公式を（理屈を理解することなく）暗記し，参考書や問題集の解法をただ覚え，そこにアテハメルことが数学の勉強」と思っている受験生が多いからではないでしょうか．

　もちろん知識は大切ですし，そのような勉強で成績がある程度まで伸びることも事実でしょう．しかし，表面的な知識と浅い理解では，頻出問題は解けても複雑な問題や初見の問題には手が出せない状態になってしまいます．つまり，本物の力は養えません．『整数問題』はそれが顕著に表れる分野なのです．
　実力をつけるためには

　　　❶ 基礎から正しく積み上げる　　❷ 知識と論理のバランス

の2点が大切です．
　具体的には，言葉や記号の定義を正しく理解し，定理・公式がどのような条件からどのような道筋で導かれるのかを理解するところからスタートします．そのうえで現実的な得点力をつけるために，頻出問題の解法アイディアを覚え，知っている問題を演習することで計算力を鍛え，少し高めのレベルの問題や初見の問題で発想力・応用力を鍛えるのです．

　本書は，上記のような勉強をしてもらうことで『整数問題』の基礎を固め，深い知識と確かな論理性，そして数式に対する感覚を手に入れ，さらなる高みへ登れるよう編集しました．また，あくまでも受験参考書ですので，いたずらに大学の教養レベルの話や入試では見られないような問題は取り扱っていません．すべて現実の入試問題として出題されているタイプの問題ですから，頑張ってチャレンジしてください．

　最後に，この場を借りて，本書を執筆するにあたりご協力いただいた方々への感謝の意を表したいと思います．

大山 壇

本書の特長とアイコン説明

(1) 本書の構成

第1部（共通テスト，中堅レベルまでの大学入試対策）

『整数問題』の基礎と知っておくべき考え方・解法をもれなく学習できるような問題を選び，解説してあります．苦手な人にも読めるよう，詳しく丁寧に解説してありますので安心してください．また，得意な人も「基礎＝簡単」だなんて油断しないでください．新たな発見があるよう，充実した内容になっているはずです．なお，『整数問題』は「論理」の扱いが重要です．そのため，**第0章**として「論理」の確認を入れてあります．すぐ『整数問題』に入りたいという人は**第1章**から始めてみてください．（筆者としてはオススメできませんが…）

また，この**第1部**には 演習問題 （解答は巻末）として類題をつけてありますので，復習・練習にお使いください．

第2部（東大・京大・医学部などの難関大対策）

第1部で学んだことをさらに応用・実践する問題を選んであります．ハイレベルな演習を必要とする人向けです．**第1部**の内容がカンペキであることを前提に解説していますので，苦しいようであれば無理せずに**第1部**をもう一度復習してください．

(2) 本書の使用方法

① 本棚にしまわず机の上に置き，紙とペンを用意する．
② まず自分の力で**第1部**の 問題 を解いてみる．
③ 解けないからといってゴミ箱に捨てず， 精講 を読んでから再チャレンジ．
④ 精講 と 解答 の内容を（さらっと読み流さずに）きちんと理解する．
⑤ 今の自分はどこまで出来ていて，何が足りないのかを把握する．
⑥ 補足＋で別の考え方や計算方法を学び，さらに理解を深める．
⑦ 演習問題 で類題にチャレンジ．（**第1部**をひと通り終わらせてからでもよい．）
⑧ 余力があれば**第2部**にチャレンジ．

(3) アイコン説明

精講 言葉や記号の定義，その問題の考え方・アプローチ法などを解説してあります．

解答 答案に書くべき論理と計算を載せてありますので，内容の理解は当然として，答案の書き方の参考にしてください．

補足＋ 解答 とは別の考え方や計算方法などを載せてあります．

参考 関連する知識や話題などを取り上げています．

4

❖ もくじ ❖

6

─── **著 者 紹 介** ───

大山 壇（おおやま だん）代々木ゼミナール講師

栃木県宇都宮市で育ち，東北大学理学部数学科への入学を
きっかけに住み始めた宮城県仙台市に今も在住．大学卒業
後，サラリーマン時代を経て代々木ゼミナールへ．現在は，
本部校，札幌校に出講し，基礎から正しく積み上げる授業，
より高いレベルを目指すための視点を与える授業を展開し，
どんなレベルの生徒からも信頼されている．『全国大学入試
問題正解数学』(旺文社)の解答者の一人である．
著書には，『全レベル問題集 数学Ⅰ＋Ａ＋Ⅱ＋Ｂ＋ベクトル
③』『全レベル問題集 数学Ⅲ＋Ｃ ⑤』(いずれも旺文社)があ
る．

第 1 部

基本テーマ編
問　題

第 0 章 命題と論証

1　→ 解答 p.22

　次の命題の真偽を調べよ．ただし，m，n は自然数とする．
(1)　n が奇数ならば，n^2 は奇数である．
(2)　$m+n$ が偶数ならば，m，n はともに偶数である．
(3)　$n^2+n+1<0$ ならば，$n=100$ である．

2　→ 解答 p.24

　次の □ に最も適するものを ⓪〜③ から1つ選べ．ただし，x，y は実数とする．
　　⓪　必要十分条件である
　　①　必要条件であるが，十分条件でない
　　②　十分条件であるが，必要条件でない
　　③　必要条件でも十分条件でもない
(1)　$x<1$ は $x^2-4x+3\geqq0$ であるための □ ．
(2)　$xy+1>x+y$ は $|x|<1$ かつ $|y|<1$ であるための □ ．

3　→ 解答 p.26

　次の命題が真であることを証明せよ．ただし，m，n は自然数とする．
(1)　n^2 が偶数ならば，n は偶数である．
(2)　$\sqrt{m}$ が整数でなければ，$\sqrt{m}$ は無理数である．

4　　→ 解答 p.28

(1)　$\sqrt{2}$ が無理数であることを証明せよ.

(2)　素数は無限個存在することを証明せよ.

5　　→ 解答 p.30

以下のそれぞれの文を否定しなさい.

(1)　$x \geqq 1$　　かつ　　$y \geqq 1$

(2)　a または b が有理数である.

(3)　すべての自然数 n に対して $\sqrt{n^2+1}$ は無理数である.

(4)　ある素数 p は偶数である.

(5)　自然数 n が $\sqrt{n}$ 以下のすべての素数で割り切れないならば，n は素数である.

第 1 章 約数と倍数

6 → 解答 p.32

(1) 5400 の正の約数の個数，およびその総和を求めよ．
(2) 2桁の自然数の中で，正の約数がちょうど10個であるものをすべて求めよ．

7 → 解答 p.34

次の条件を満たす2つの自然数 a, b $(a \leqq b)$ を求めよ．
(1) 和が 117 で，最大公約数が 13
(2) 和が 341 で，最小公倍数が 1650

8 → 解答 p.36

自然数 m と n が互いに素ならば，$3m+n$ と $7m+2n$ も互いに素であることを示せ．

9　→ 解答 p.38

n を自然数とするとき, $m \leqq n$ で m と n の最大公約数が 1 となる自然数 m の個数を $f(n)$ とする.

(1)　$f(15)$ を求めよ.

(2)　p, q を互いに異なる素数とする. このとき $f(pq)$ を求めよ.

10　→ 解答 p.40

(1)　589 と 703 の最大公約数を求めよ.

(2)　m, n が互いに素な自然数であるとき, $\dfrac{4m+9n}{3m+7n}$ は既約分数であることを示せ.

11　→ 解答 p.42

$2010! = 2^n m$ (m は奇数) のとき, 自然数 n を求めると $n = \boxed{}$.

第 2 章　剰余類

12　→ 解答 p.44

l, m, n は自然数とする.
(1)　n^2 を 3 で割った余りは 0 または 1 であることを示せ.
(2)　l^2+m^2 が 3 の倍数のとき,l, m がともに 3 の倍数であることを示せ.

13　→ 解答 p.47

2 以上の自然数 n に対して,n と n^2+2 がともに素数になるのは $n=3$ のときに限ることを示せ.

14　→ 解答 p.48

n を奇数とする. 次の問いに答えよ.
(1)　n^2-1 は 8 の倍数であることを証明せよ.
(2)　n^5-n は 3 の倍数であることを証明せよ.
(3)　n^5-n は 120 の倍数であることを証明せよ.

15　→ 解答 p.50

　自然数の組 $(x,\ y,\ z)$ が等式 $x^2+y^2=z^2$ を満たすとする.
(1)　すべての自然数 n について，n^2 を 4 で割った余りは 0 か 1 のいずれかであることを示せ.
(2)　x と y の少なくとも一方が偶数であることを示せ.
(3)　x が偶数，y が奇数であるとする．このとき，x が 4 の倍数であることを示せ.

16　→ 解答 p.52

　$m,\ n\ (m<n)$ を自然数とし
$$a=n^2-m^2,\ b=2mn,\ c=n^2+m^2$$
とおく．3 辺の長さが $a,\ b,\ c$ である三角形の内接円の半径を r とし，その三角形の面積を S とする．このとき，以下の問いに答えよ.
(1)　$a^2+b^2=c^2$ を示せ.
(2)　r を $m,\ n$ を用いて表せ.
(3)　r が素数のときに，S を r を用いて表せ.
(4)　r が素数のときに，S が 6 で割り切れることを示せ.

第 3 章 不定方程式

17 →解答 p.56

(1) 等式 $3x+5y=1$ を満たす整数 x, y の組を求めよ.

(2) 等式 $3x+5y=n$ を満たす 0 以上の整数 x, y の組が, ちょうど 5 組存在するような自然数 n の中で最小の値を求めよ.

18 →解答 p.58

(1) $xy+2x+3y=0$ を満たす整数 x, y の組を求めよ.

(2) $3xy+2x+y+2=0$ を満たす整数 x, y の組を求めよ.

(3) $a^3-b^3=65$ を満たす整数の組 (a, b) をすべて求めよ.

19 →解答 p.61

(1) 45 を引いても 44 を足しても平方数となるような自然数を求めよ. ただし, 平方数とはある自然数 n によって n^2 と表される数のことである.

(2) $x^2+x-(a^2+5)=0$ を満たす自然数 a, x の組をすべて求めよ.

(3) $m^2=2^n+1$ を満たす自然数 m, n の組をすべて求めよ.

20 →解答 p.64

x, y, z は $x\leqq y\leqq z$ を満たす自然数で, 次の関係式($*$)を満たす.

$$\frac{1}{x}+\frac{1}{y}+\frac{1}{z}=1 \quad \cdots\cdots(*)$$

(1) $x\leqq 3$ であることを示せ.

(2) 自然数 x, y, z の組をすべて求めよ.

21 → 解答 p.67

a, b, c を正の整数とするとき，等式

$$\left(1+\frac{1}{a}\right)\left(1+\frac{1}{b}\right)\left(1+\frac{1}{c}\right)=2 \quad \cdots\cdots(*)$$

について次の問いに答えよ．

(1) $c=1$ のとき，等式 $(*)$ を満たす正の整数 a, b は存在しないことを示せ．

(2) $c=2$ のとき，等式 $(*)$ を満たす正の整数 a と b の組で $a\geqq b$ を満たすものをすべて求めよ．

(3) 等式 $(*)$ を満たす正の整数の組 (a, b, c) で $a\geqq b\geqq c$ を満たすものをすべて求めよ．

22 → 解答 p.70

n を正の整数とする．実数 x, y, z に対する方程式

$$x^n+y^n+z^n=xyz \quad \cdots\cdots①$$

を考える．

(1) $n=1$ のとき，①を満たす正の整数の組 (x, y, z) で，$x\leqq y\leqq z$ となるものをすべて求めよ．

(2) $n=3$ のとき，①を満たす正の実数の組 (x, y, z) は存在しないことを示せ．

第 4 章　方程式・不等式の整数解

23　→ 解答 p.74

m を実数とする．方程式
$$x^2-2mx-4m+1=0$$
が整数解をもつような整数 m の値をすべて求めると $m=\boxed{}$ である．

24　→ 解答 p.76

以下の問いに答えよ．

(1)　k を整数とするとき，x の方程式 $x^2-k^2=12$ が整数解をもつような k の値をすべて求めよ．

(2)　x の方程式 $(2a-1)x^2+(3a+2)x+a+2=0$ が少なくとも 1 つ整数解をもつような整数 a の値とそのときの整数解をすべて求めよ．

25　→ 解答 p.78

3 次関数 $f(x)=x^3-3x^2-4x+k$ について，次の問いに答えよ．ただし，k は定数とする．

(1)　$f(x)$ が極値をとるときの x の値を求めよ．

(2)　方程式 $f(x)=0$ が異なる 3 つの整数解をもつとき，k の値およびその整数解を求めよ．

26 　→ 解答 p.80

n を自然数とする. 3 次方程式 $2x^3-25x^2+(5n+2)x-35=0$ について, 次の各問いに答えよ.
(1)　方程式の 1 つの解が自然数であるとき, n の値を求めよ.
(2)　(1)で求めたn に対して, 方程式の解をすべて求めよ.

27 　→ 解答 p.82

整数 m に対し, $f(x)=x^2-mx+\dfrac{m}{4}-1$ とおく. 次の問いに答えよ.
(1)　方程式 $f(x)=0$ が, 整数の解を少なくとも 1 つもつような m の値を求めよ.
(2)　不等式 $f(x)\leqq0$ を満たす整数xが, ちょうど 4 個あるような m の値を求めよ.

第 **5** 章 記 数 法

28　→ 解答 p.86

(1)　2 進法で表された数 $110101_{(2)}$，3 進法で表された数 $201001_{(3)}$ をそれぞれ 10 進法で表せ.

(2)　10 進法で表された数 1234 を 2 進法で表すと □□□□□ であり，3 進法で表すと □□□□□ である.

29　→ 解答 p.88

次の各計算の結果を 2 進法で表せ.

(1)　$1101_{(2)} + 10101_{(2)}$

(2)　$10110_{(2)} - 1101_{(2)}$

(3)　$11011_{(2)} \times 101_{(2)}$

(4)　$10101_{(2)} \div 111_{(2)}$

30　→ 解答 p.90

7 進法で表すと 3 桁となる正の整数がある. これを 11 進法で表すと，やはり 3 桁で，数字の順序がもととちょうど反対となる. このような整数を 10 進法で表せ.

第 **6** 章 種々の問題

31 → 解答 p.92

実数 x に対して $k \leqq x < k+1$ を満たす整数 k を $[x]$ で表す．たとえば，$\left[\dfrac{5}{2}\right]=2$, $[2]=2$, $[-2.1]=-3$ である．

(1) $n^2-5n+5<0$ を満たす整数 n をすべて求めよ．
(2) $[x]^2-5[x]+5<0$ を満たす実数 x の範囲を求めよ．
(3) x は(2)で求めた範囲にあるものとする．$x^2-5[x]+5=0$ を満たす x をすべて求めよ．

32 → 解答 p.94

実数 x を超えない最大の整数を $[x]$ とし，$\langle x \rangle = x-[x]$ とする．また，a を定数として次の方程式を考える．

$$4\langle x \rangle^2 - \langle 2x \rangle - a = 0$$

ただし，$\langle x \rangle^2$ は $\langle x \rangle$ の 2 乗を表すとする．

(1) $x=1.7$ のとき $\langle x \rangle$ および $\langle 2x \rangle$ を求めよ．
(2) α が上の方程式の解ならば，任意の整数 n について $\alpha+n$ も解であることを示せ．
(3) 上の方程式が解をもつような実数 a の範囲を求めよ．

33 → 解答 p.96

(1) 2^{32} を 7 で割った余りを求めよ．
(2) n を自然数とするとき，$3^{n+1}+4^{2n-1}$ は 13 で割り切れることを示せ．
(3) $6 \cdot 3^{3x}+1=7 \cdot 5^{2x}$ を満たす 0 以上の整数 x をすべて求めよ．

34 →解答 p.100

p を素数とするとき，次の問いに答えよ．

(1) 自然数 k が $1 \leqq k \leqq p-1$ を満たすとき，${}_pC_k$ は p で割り切れることを示せ．ただし，${}_pC_k$ は p 個のものから k 個取った組合せの総数である．

(2) n を自然数とするとき，n に関する数学的帰納法を用いて，$n^p - n$ は p で割り切れることを示せ．

(3) n が p の倍数でないとき，$n^{p-1} - 1$ は p で割り切れることを示せ．

35 →解答 p.102

m を自然数，n を2以上の整数とする．m から始まる連続した n 個の自然数の和を $S(m, n)$ と書く．以下の問いに答えよ．

(1) $S(m, n)$ を求めよ．

(2) $S(m, n) = 90$ を満たすような (m, n) の組をすべて求めよ．

(3) $S(m, n) = 1024$ を満たすような (m, n) の組は存在しないことを示せ．

36 →解答 p.104

2つの数列 $\{a_n\}$，$\{b_n\}$ が次の漸化式で与えられているとする．
$$a_1 = 4, \quad b_1 = 3, \quad a_{n+1} = 4a_n - 3b_n, \quad b_{n+1} = 3a_n + 4b_n$$
このとき，以下の問いに答えよ．

(1) $a_2, a_3, a_4, b_2, b_3, b_4$ を求めよ．

(2) $a_{n+4} - a_n$，$b_{n+4} - b_n$ はともに5の倍数であることを証明せよ．

(3) a_n も b_n も5の倍数ではないことを証明せよ．

第 1 部

基本テーマ編
解 答

第 0 章　命題と論証

1　命題「$p \Longrightarrow q$」の真偽

　次の命題の真偽を調べよ．ただし，m, n は自然数とする．
(1)　n が奇数ならば，n^2 は奇数である．
(2)　$m+n$ が偶数ならば，m, n はともに偶数である．
(3)　$n^2+n+1<0$ ならば，$n=100$ である．

精講　　『命題「$p \Longrightarrow q$」が真であるとは，その命題が正しいということ』なんていわれても，それは「サッカーボールってどんなボール？」と聞かれて「サッカーに使うボールだよ！」って答えているようなものです．もちろん，正しい命題は真の命題ですが，それだけでは深い理解につながりません！　正しい理解は次の通り！

　命題「$p \Longrightarrow q$」について

⬅ **命題**とは，数学的な文章のこと．
「p ならば q」を
「$p \Longrightarrow q$」で表します．
これは「p のとき，必ず q にできる」ということを主張しています．

> 　真の命題　……　反例が存在しない命題
> 　偽の命題　……　反例が存在する命題

　なお，**反例**とは「**仮定を満たすけど結論を満たさない例**」のことです．

　例えば「人間 $\Longrightarrow$ 男」という命題は明らかに偽ですが，その根拠として「うちの『らむ』がいる！」といわれても困りますよね．『らむ』は確かに男ではないけど，そもそも人間ではありません．この場合，偽である根拠になるのは「人間だけど男でない存在」ということになります．

⬅ 一般的に，命題「$p \Longrightarrow q$」において
　p を仮定，q を結論
といいます．

⬅ 『らむ』は筆者が飼っているウサギ（♀）です（笑）．

解　答

(1)　n が奇数ならば，$n=2k-1$（k：自然数）とおけて
$$n^2=(2k-1)^2$$
$$=4k^2-4k+1$$
$$=2(2k^2-2k)+1$$

とできるから，n^2 は奇数である.

　　よって，**真**である.

(2)　$m=1$, $n=1$ とすれば，$m+n=2$ で偶数である　　← 仮定「$m+n$ が偶数」を満た
　が，m, n は奇数であるからこれは反例である.　　　すけど，結論「m, n はとも
　　よって，**偽**である.　　　　　　　　　　　　　　　　　に偶数」を満たさない.

(3)　n は自然数なので，$n^2+n+1<0$ となる n は存　　← 自然数とは正の整数のこと.
　在しない. よって，反例が存在しないのでこの命題
　は**真**である.

補足⁺　一般的に

仮定が不合理な命題は真

となります.

ex)「空集合 $\varnothing$ は任意の集合 A の部分集合である」という命題を考えてみましょう. これは

$$x\in\varnothing \implies x\in A$$

と書いても同じことです. すると，仮定を満たす x が１つも存在しません. なので，反例が作れません！　つまり，この命題は真なのです！

ex) 先生が生徒（キミ）に「テストで 100 点を取ったら焼肉をおごるよ」と約束しました. このとき，結果は次の４パターンが考えられます.

　　　① 100 点を取った. 焼肉をおごってもらえた.
　　　② 100 点を取った. 焼肉をおごってもらえなかった.
　　　③ 100 点を取れなかった. 焼肉をおごってもらえた.
　　　④ 100 点を取れなかった. 焼肉をおごってもらえなかった.

　キミが「先生のウソつき！」っていえるのはどれですか？　もちろん②ですよね. ③は先生の優しさに感謝こそすれ，ウソつきとはいえないですね. ④は当然の結果です.

　つまり，100 点を取れなかった時点で仮定を満たしていないので，結論がどうであれウソ（偽）ではないのです.

2 必要条件と十分条件

次の □ に最も適するものを ⓪〜③から1つ選べ. ただし, x, y は実数とする.

⓪ 必要十分条件である

① 必要条件であるが, 十分条件でない

② 十分条件であるが, 必要条件でない

③ 必要条件でも十分条件でもない

(1) $x<1$ は $x^2-4x+3\geqq0$ であるための □ .

(2) $xy+1>x+y$ は $|x|<1$ かつ $|y|<1$ であるための □ .

精 講 命題 $p \Longrightarrow q$ が**真**のとき, p は q であるための**十分条件**, q は p であるための**必要条件**といいます.

真の命題：$p \Longrightarrow q$
　　　　　　十分　　必要

とくに, 必要条件でも十分条件でもあるとき(つまり $p \Longleftrightarrow q$ が成り立つとき)は**必要十分条件**といいます.

以上のことは, 集合と対応させて理解しておくとよいです. 次の例で考えてみましょう.

ex) P：女子高生の集合, Q：女性の集合
とすると, P に属している人の 100%（＝**十分**）が Q に属しています.
　筆者（♂4〇歳）が女子高生になりたいと願い（…苦笑）, 女子高生たちに流行ってるモノを勉強し, メイクも覚え, すさまじい努力（何のだろう？）をしても, 筆者が男である限り, 女子高生には絶対になれないのです. なぜならば, 女子高生になるためには女性であることが**最低でも必要**だから！

というわけで, 集合として考えたとき
　外側が『必要条件』, 内側が『十分条件』 です.

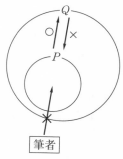

女性ではないので
女子高生にはなれない.

解 答

(1) 条件 $x^2-4x+3\geqq0$ は
$(x-1)(x-3)\geqq0$ すなわち $x\leqq1,\ 3\leqq x$
とできる. よって, 集合として
$\{x\,|\,x<1\}\subset\{x\,|\,x^2-4x+3\geqq0\}$
であるから, $x<1$ は $x^2-4x+3\geqq0$ であるための
② 十分条件であるが, 必要条件でない

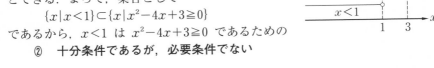

(2) 条件 $xy+1>x+y$ は
$xy-x-y+1>0$ すなわち $(x-1)(y-1)>0$
とできるので, $x-1$ と $y-1$ が同符号である.
よって, これを満たす点 $(x,\ y)$ の領域は右図①
の斜線部分である. ただし, 境界は含まない.
一方, 条件 $|x|<1$ かつ $|y|<1$ は
$-1<x<1$ かつ $-1<y<1$
とできるので, これを満たす点 $(x,\ y)$ の領域は右
図②の斜線部分である. ただし, 境界は含まない.
したがって, 集合として
図①$\supset$図②
であるから, $xy+1>x+y$ は
$|x|<1$ かつ $|y|<1$ であるための
① 必要条件であるが, 十分条件でない

参考 「$p\implies q$」を意味する表現としては
① p ならば q.
② p のとき q.
③ p となるのは q のときに限る.
④ p となるためには q であることが必要.
などがあります.
一方,
⑤ p となるのは q のとき…これは「$p\iff q$」
⑥ p となるためには q であればよい…これは「$p\impliedby q$」
となります.

3 　対偶証明法

次の命題が真であることを証明せよ．ただし，m，n は自然数とする．

(1)　n^2 が偶数ならば，n は偶数である．

(2)　$\sqrt{m}$ が整数でなければ，$\sqrt{m}$ は無理数である．

（京都教大）

精│講　命題 $p \Longrightarrow q$ に対して

逆　：　$p \Longleftarrow q$

裏　：　$\bar{p} \Longrightarrow \bar{q}$　　　　　　　　　　← 条件 p の否定を $\bar{p}$ で表す．

対偶：　$\bar{p} \Longleftarrow \bar{q}$

といいます．そして，**対偶どうしは真偽が一致**します．

だから，命題 $p \Longrightarrow q$ を直接証明するのが難しいときには，対偶 $\bar{q} \Longrightarrow \bar{p}$ を証明しても OK.

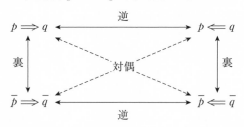

(1)　直接証明しようと

$$n^2 = 2k \ (k：自然数)$$

とおいてもどうしようもないですね．そこで**対偶**を考えると

$$\overline{(n \, が偶数)} \Longrightarrow \overline{(n^2 \, は偶数)}$$

つまり

$$n \, が奇数 \Longrightarrow n^2 \, は奇数$$　　　　← 偶数の否定は奇数

となって，証明しやすい形になりました．

(2)　直接証明しようとしても，まず「$\sqrt{m}$ が整数でない」をどうやって表せばよいかわからないですね．

そこで**対偶**を考えると

$$\overline{(\sqrt{m} \, が無理数)} \Longrightarrow \overline{(\sqrt{m} \, は整数でない)}$$

つまり

$$\sqrt{m} \, が有理数 \Longrightarrow \sqrt{m} \, は整数$$　　　← 無理数の否定は有理数
　　　　　　　　　　　　　　　　　　　　　　　　　否定の否定は肯定

となって，証明しやすい形になりました．

解　答

(1)　対偶「n が奇数ならば, n^2 は奇数である」を示す.

　　n が奇数ならば, $n=2k-1$ (k：自然数) とおけて
$$n^2=(2k-1)^2$$
$$=4k^2-4k+1$$
$$=2(2k^2-2k)+1$$
とできるから, n^2 は奇数である.

　　よって, 対偶が真なので, もとの命題も真である.

(2)　対偶「$\sqrt{m}$ が有理数ならば, $\sqrt{m}$ は整数」を示す.

　　$\sqrt{m}$ が有理数ならば, 互いに素な自然数 k, l を　　←互いに素については **8** 参照.
用いて
$$\sqrt{m}=\frac{k}{l}$$
　　　　　　　　　　　　　←補足**+** 参照

とおけて, 両辺を 2 乗すれば
$$m=\frac{k^2}{l^2}$$

となる. m は自然数だから $l^2=1$, つまり $l=1$ である. このとき, $\sqrt{m}=k$ となり $\sqrt{m}$ は整数である.

　　よって, 対偶が真なので, もとの命題も真である.

補足**+**　実数(数直線上に存在する数)は以下のように分類されます.

　　実数 $\begin{cases} \text{有理数} \cdots\cdots \dfrac{\text{整数}}{\text{整数}} \text{ の形で表される} \\ \text{無理数} \cdots\cdots \text{有理数でない実数} \end{cases}$

なお, 有理数と無理数をそれぞれ小数で表記すると

　　有理数 $\cdots\cdots$ **有限小数** または **無限循環小数**

　　　　ex) $\dfrac{1}{4}=0.25$, $\dfrac{2}{3}=0.6666\cdots$

　　無理数 $\cdots\cdots$ **循環しない無限小数**

　　　　ex) $\sqrt{3}=1.7320\cdots$, $\pi=3.1415\cdots$

4　背理法

(1)　$\sqrt{2}$ が無理数であることを証明せよ．

(2)　素数は無限個存在することを証明せよ．

精 講　　直接は証明しにくい命題を

その命題が偽であると仮定 $\Longrightarrow$ 矛盾

という流れで証明できることもあります．この証明方法を**背理法**といいます．

← いつかタイムマシンができるなら，現在に戻ってくる人がいるはずです．でも，そんな人はいません．よって，タイムマシンはできないのです．

(1)　$\sqrt{2}$ が無理数であるとは，有理数でないことだから

$$\sqrt{2} = \frac{m}{n} \ \text{となる自然数}\ m,\ n\ \text{が存在しない}$$

ということですね．だから，命題「$\sqrt{2}$ は無理数である」が偽，つまり

$$\sqrt{2} = \frac{m}{n} \ \text{となる自然数}\ m,\ n\ \text{が存在する}$$

と仮定して始めます．

(2)　整数 $p\ (p > 1)$ が 1 と p の他に正の約数をもたないとき，p を**素数**といいます．

← 1 は素数に含めない．

　自然数は，正の約数の個数に注目して，次の3つに分類されます．

　　　1　　……正の約数は1個（1）

　　　素数　……正の約数は2個（1と自分自身）

　　　合成数……正の約数は3個以上

　さて，素数が無限個存在することを直接証明するのは難しそうですね．そこで，命題「素数は無限個存在する」が偽，つまり

素数は有限個である

と仮定して始めてみましょう．

← 素数が無限個存在するということは「最後の素数は存在しない」ということです．

　本問のように

存在しないことの証明には背理法が有効です！

解　答

(1)　m, n を自然数として，$\sqrt{2} = \dfrac{m}{n}$ とおくと

$$\sqrt{2}\,n = m \qquad \therefore\quad 2n^2 = m^2$$

　　左辺に含まれる素因数 2 は奇数個，右辺に含まれる素因数 2 の個数は偶数個なので矛盾している．

　　よって，$\sqrt{2} = \dfrac{m}{n}$ となる自然数 m, n は存在しない．

　　つまり，$\sqrt{2}$ は無理数である．

←m, n が互いに素である必要はありません．

(2)　素数が全部で n 個であると仮定し，すべての素数を

$$p_1,\ p_2,\ \cdots\cdots,\ p_n$$

とおく．ここで，数 N を

$$N = p_1 p_2 \cdots p_n + 1$$

と定義すると，この数はどの素数よりも大きいので N は合成数である．

　　よって，少なくとも 1 つの素数で割り切れるはずである．しかし，N を p_1, p_2, $\cdots\cdots$, p_n のどれで割っても 1 が余ってしまうので矛盾している．

　　したがって，素数は無限個存在する．

←最大の素数を p_n として
　$N = p_n! + 1$
　と定義してもよい．

補足⁺　対偶証明法と背理法のどちらを使うべきか，判断に悩んだ経験があるかもしれませんが

対偶証明法は背理法の特別な場合である

と考えてください．命題 $p \Longrightarrow q$ を証明するとき，どちらにしても $\bar{q}$ からスタートしますよね？　その後，背理法の厄介なところは**何に矛盾するかわからない**という点でしょう．ときには一般的な事実に矛盾するかもしれないし，その問題の前提に矛盾するかもしれないし．そんな中，仮定の p に矛盾した場合，結果的に**対偶 $\bar{q} \Longrightarrow \bar{p}$ を示した**ことになるのです．だから，解答の表現を少し変えれば，対偶証明法はすぐに背理法に直せます．

　　よって，対偶証明法と背理法のどちらを使うべきかなんて悩みはナンセンスなのです．

5　特殊な形の否定

　以下のそれぞれの文を否定しなさい.

(1)　$x \geqq 1$　かつ　$y \geqq 1$

(2)　a または b が有理数である.

(3)　すべての自然数 n に対して $\sqrt{n^2+1}$ は無理数である.

(4)　ある素数 p は偶数である.

(5)　自然数 n が $\sqrt{n}$ 以下のすべての素数で割り切れないならば，n は素数である.

精│講　ここでは，いろいろな文(命題)の否定のしかたを学びます.

　例えば「$x>1$ の否定は？」と聞かれれば，迷うことなく「$x \leqq 1$」と答えられるでしょう.

　しかし，特殊な形になるとどうでしょうか？

① 「p かつ q」の否定は「$\bar{p}$ または $\bar{q}$」

　右図(**カルノー図**といいます.)の斜線部が「p かつ q」で，打点部が「$\bar{p}$ または $\bar{q}$」です.

② 「p または q」の否定は「$\bar{p}$ かつ $\bar{q}$」

　右図の斜線部が「p または q」で，打点部が「$\bar{p}$ かつ $\bar{q}$」です.

③ 「すべての x に対して p である」の否定は
　　　　「ある x に対して $\bar{p}$ である」
　　　　（$\bar{p}$ となる x が存在する）

　例えば「40 人クラスの全員が男である」というのは
　　　　(男，女)＝(40 人，0 人)
ということですね. これに当てはまらないのは
　(男，女)＝(39, 1), (38, 2), …, (1, 39), (0, 40)
の 40 通りあります. つまり「40 人クラスのある人は女である」となります. まぁ，常識的な日本語にすれば「(少なくとも 1 人は)女がいる」ということです.

←「全員が男」の否定は「全員が女」ではないよ！

④ 「あるxに対してpである」の否定は

「すべてのxに対して$\bar{p}$である」

これも③の例で理解できるでしょう.

⑤ 「pならばq」の否定は「pかつ$\bar{q}$」

命題「pならばq」が真であるとは反例（pを満たすけどqを満たさない例）が存在しないことでした．したがって，この命題を否定すると**反例が存在する**ということになります．つまり「pを満たすけどqを満たさない例」が存在するので「pかつ$\bar{q}$」と表せるのです.

←「pならばq」の否定は「$\bar{p}$ならば$\bar{q}$」ではないよ!

━━━ 解 答 ━━━

(1) $x<1$　または　$y<1$

(2) a, b がともに無理数である.

(3) ある自然数nに対して$\sqrt{n^2+1}$は有理数である.

(4) すべての素数pは奇数である.

(5) 自然数nが$\sqrt{n}$以下のすべての素数で割り切れず，かつnは素数でない.

[補足] (3), (4), (5)のもとの文(命題)はすべて**真**です.

(3) 否定した文(解答の文)が真であれば，互いに素な自然数k, lが存在して

$$\sqrt{n^2+1}=\frac{k}{l} \qquad \therefore \quad n^2+1=\frac{k^2}{l^2}$$

左辺が自然数だから，$l^2=1$ つまり $l=1$ であり

$$n^2+1=k^2 \qquad \therefore \quad 1=(k-n)(k+n) \qquad \therefore \quad k-n=k+n=1$$

よって，$n=0$ となりnが自然数であることに矛盾する.

(4) 偶数である素数2が存在する.

(5) 否定した文(解答の文)が真であれば，$\sqrt{n}$より大きい自然数p, qが存在して，合成数nを$n=pq$と表せる. すると，$p>\sqrt{n}$，$q>\sqrt{n}$から$pq>n$となり，$n=pq$であることに矛盾する.

第1章 約数と倍数

6 約数の個数と総和

(1) 5400 の正の約数の個数，およびその総和を求めよ．

(2) 2桁の自然数の中で，正の約数がちょうど10個であるものをすべて求めよ．

精講 任意の自然数は（掛け算の順序を無視すれば）ただ1通りに**素因数分解**されます．

← **素数**の積で表すこと．

例えば 144 を素因数分解すると
$$144 = 2^4 \cdot 3^2$$
となります．よって，144 の正の**約数**（144 を**割り切れる整数**）は
$$2^k \cdot 3^l$$
という形をしていることになりますね．ただし，k, l が取り得る値は
$$k = 0, \ 1, \ 2, \ 3, \ 4 \qquad l = 0, \ 1, \ 2$$
です．つまり，144 の正の約数は右の表に現れるもので全部になります．この表を見ればわかる通り，正の約数の個数は

	3^0	3^1	3^2
2^0	1	3	9
2^1	2	6	18
2^2	4	12	36
2^3	8	24	72
2^4	16	48	144

（k の取り得る値の個数）・（l の取り得る値の個数）
$$= 5 \cdot 3 = 15$$
であり，正の約数の総和は
$$2^0 \cdot 3^0 + 2^0 \cdot 3^1 + 2^0 \cdot 3^2 + \cdots\cdots + 2^4 \cdot 3^1 + 2^4 \cdot 3^2$$
$$= (2^0 + 2^1 + 2^2 + 2^3 + 2^4)(3^0 + 3^1 + 3^2)$$
$$= 31 \cdot 13 = 403$$

← 2行目を展開したときに出てくる項が，ちょうどすべての約数になっている！

となります．このことは一般的に次のように書けます．

> 自然数 N の素因数分解を $N = p^k q^l \cdots r^m$ とすると
>
> ① 正の約数の個数は
> $$(k+1)(l+1)\cdots(m+1)$$
> ② 正の約数の総和は
> $$(p^0 + p^1 + \cdots + p^k)(q^0 + q^1 + \cdots + q^l)\cdots$$
> $$\cdots(r^0 + r^1 + \cdots + r^m)$$

← ②は，等比数列の和の公式から
$$\frac{p^{k+1}-1}{p-1} \cdot \frac{q^{l+1}-1}{q-1} \cdots$$
$$\cdots \cdot \frac{r^{m+1}-1}{r-1}$$
としてもよい．

解　答

(1)　5400 を素因数分解すると　$5400 = 2^3 \cdot 3^3 \cdot 5^2$　だから，
正の約数の個数は
$$(3+1)(3+1)(2+1) = \boldsymbol{48}$$
総和は
$$(2^0 + 2^1 + 2^2 + 2^3)(3^0 + 3^1 + 3^2 + 3^3)(5^0 + 5^1 + 5^2)$$

← $a \neq 0$ のとき，$a^0 = 1$

$$= 15 \cdot 40 \cdot 31$$
$$= \boldsymbol{18600}$$

(2)　$10 = 2 \cdot 5$ だから，求める自然数に含まれる素因数
は高々 2 種類である．

　i)　含まれる素因数が 1 種類の場合
　　　正の約数がちょうど 10 個になるのは p^9 の形を
　している ときだが，$p \geqq 2$ から $p^9 \geqq 512$ となり
　2 桁であることに反する．

　ii)　含まれる素因数が 2 種類の場合
　　　求める自然数は $p^k q^l$（$k \leqq l$ とする）の形をして
　いて
$$(k+1)(l+1) = 10 \qquad \therefore \quad k=1,\ l=4$$
　　　ここで，$q \geqq 3$ とすると $p q^4 \geqq 2 \cdot 3^4 = 162$ とな
　り 2 桁であることに反するから $q = 2$ であり
$$p \cdot 2^4 = 3 \cdot 2^4,\ 5 \cdot 2^4,\ 7 \cdot 2^4,\ 11 \cdot 2^4,\ \cdots$$
　となる．求める自然数は 2 桁だから
$$\boldsymbol{48,\ 80}$$

← 3 種類あると
$(k+1)(l+1)(m+1) = 10$ と
なるけど，これを満たす自然
数 k, l, m の組は存在しま
せんね．

演習問題 1　　→ 解答 p.192

(1)　108 の正の約数の個数を求めよ．

(2)　a, b, c, d を自然数とし $a \geqq c$ とする．$m = 2^a 3^b$, $n = 2^c 3^d$ について，
m, n の正の約数の個数がそれぞれ 80，72 で，m と n の正の公約数の個数が
45 であるという．このとき，a, b, c, d を求めよ．

(群馬大)

7 最大公約数と最小公倍数

次の条件を満たす2つの自然数 a, b $(a \leqq b)$ を求めよ.

(1) 和が117で，最大公約数が13

(2) 和が341で，最小公倍数が1650

精講 2つ以上の整数に共通な約数を**公約数**といい，公約数の中で最も大きいものを**最大公約数**といいます.

ex) 24の約数は

1, 2, 3, 4, 6, 8, 12, 24

30の約数は

1, 2, 3, 5, 6, 10, 15, 30

よって，24と30の公約数は1, 2, 3, 6の4つであり，最大公約数は6になります.

← ちなみに，公約数は最大公約数の約数です.

2つ以上の整数に共通な倍数を**公倍数**といい，正の公倍数の中で最も小さいものを**最小公倍数**といいます.

ex) 14の倍数は

14, 28, 42, 56, 70, 84, …

21の倍数は

21, 42, 63, 84, 105, 126, …

よって，14と21の公倍数は42, 84, …と無限にあり，最小公倍数は42になります.

← 公倍数は最小公倍数の倍数です.

もう少し大きな数になると，**素因数分解**が有効です.

ex) 168と252をそれぞれ素因数分解すると

$$168 = 2^3 \cdot 3 \cdot 7, \quad 252 = 2^2 \cdot 3^2 \cdot 7$$

なので

最大公約数 $2^2 \cdot 3 \cdot 7 = 84$

最小公倍数 $2^3 \cdot 3^2 \cdot 7 = 504$

となります.

← 共通因数の積が最大公約数

168	2	2	2	3	7
252	2	2		3	3	7

空白部を埋めたものが最小公倍数

第
1
部

2つの自然数 a, b の**最大公約数**を g, **最小公倍数**を l とするとき

$$a=ga',\quad b=gb'\ (a',\ b'\ は互いに素)$$

とおけて，次の2つが成り立ちます．

① $l=ga'b'$ ② $ab=gl$

← 最大公約数
　greatest common divisor
最小公倍数
　least common multiple
← 互いに素であるとは，
　正の公約数が **1** だけの状態.

　右の表を見て，前ページの **ex)** と同様に考えれば，最小公倍数 l が $l=ga'b'$ と表せることがわかりますね．このとき

$$ab=ga'\cdot gb'=g\cdot ga'b'=gl$$

となり，②も成り立ちます．

a	g	a'
b	g	b'

第
1
章

解　答

(1) $a=13a'$, $b=13b'$ とおけて，条件から

$13(a'+b')=117$　　$\therefore\ a'+b'=9$

a' と b' が互いに素であることと，$a'\leqq b'$ に注意して

$(a',\ b')=(1,\ 8),\ (2,\ 7),\ (4,\ 5)$

$\therefore\ (\boldsymbol{a},\ \boldsymbol{b})=(\boldsymbol{13,\ 104}),\ (\boldsymbol{26,\ 91}),\ (\boldsymbol{52,\ 65})$

← $(3,\ 6)$ は 1 以外の公約数 3 があるから NG

(2) 2数の最大公約数を g として，$a=ga'$, $b=gb'$ とおくと，a' と b' は互いに素であり，条件から

$$\begin{cases} g(a'+b')=341=11\cdot 31 \\ ga'b'=1650=2\cdot 3\cdot 5^2\cdot 11 \end{cases}$$

となる．よって，$g=11$ である．したがって

$a'+b'=31,\ a'b'=2\cdot 3\cdot 5^2$

であり，$a'\leqq b'$ に注意して

$(a',\ b')=(6,\ 25)$　　$\therefore\ (\boldsymbol{a},\ \boldsymbol{b})=(\boldsymbol{66,\ 275})$

← $a'+b'$ と $a'b'$ は互いに素なので $g=1$ はありえません.

◢ **演習問題 2**　→ 解答 p.192

(1) 和が406で最小公倍数が2660であるような2つの正の整数を求めよ．

(弘前大)

(2) $\dfrac{12}{25}$ と $\dfrac{28}{27}$ のどちらにかけても自然数になるような有理数の中で最小のものを求めよ．

8 互いに素 (1)

自然数 m と n が互いに素ならば，$3m+n$ と $7m+2n$ も互いに素であることを示せ．

精講 前講ですでに書きましたが，**2つの数の正の公約数が 1 だけのとき，この 2 数は互いに素**であるといいます．つまり，いい換えれば

2 数の**最大公約数が 1 である**

ということです．

3 と 5 は最大公約数が 1 なので互いに素です．しかし，こんな例を出すと「互いに素っていうのは 2 つの数がともに素数ってことですね！」なんて思ってしまう読者もいるかもしれないですね．

互いに素の『素』と素数の『素』はあまり関係ないように筆者は思っています．素数じゃなくても互いに素になる組合せはいくらでもあるのでご注意を！
ex) 12 と 35，14 と 15，20 と 99 などなど

さて，本問は「2 つの数が互いに素であること」の証明ですね．互いに素であることの定義は上述の通りですから，互いに素であることを示すには

1 より大きい公約数が存在しないこと

を示せばよいのです！
そして「存在しないこと」の証明といえば，**背理法**でしたね．

← 毎年とはいいませんが「互いにすって何ですか？」と質問してくる生徒がよくいます(笑)．
そして，いつも「お互いのことをよく知っていて，自分のすべてをさらけ出している 2 人の関係性かな」って答えてます．

解　答

3m+n と 7m+2n が1より大きい公約数 g をも　←背理法の仮定
つとすれば，k，l を自然数として
$$\begin{cases} 3m+n=gk & \cdots\cdots ① \\ 7m+2n=gl & \cdots\cdots ② \end{cases}$$
とおける.
　②−①・2 より　　　　　$m=g(l-2k)$
　①・7−②・3 より　　　$n=g(7k-3l)$
　これらは m と n が1より大きい公約数 g をもつこ　←m と n がともに g で割り切れ
とを表すので，m と n が互いに素であることに矛盾　ますね.
している.
　よって，3m+n と 7m+2n は互いに素である.

補足　後述する**ユークリッドの互除法**を使えば，本問は以下のようにも証明で
きます.
別解　2つの整数 a，b の最大公約数を $G(a, b)$ で表すことにすると，m と n
は互いに素だから $G(m, n)=1$ である.
　$7m+2n=(3m+n)\cdot2+m$ が成り立つので
$$\begin{aligned} G(7m+2n, 3m+n)&=G(3m+n, m) \\ &=G(m, n) \\ &=1 \end{aligned}$$
　よって，7m+2n と 3m+n の最大公約数が1なので，この2数は互いに素
である.

◢ **演習問題 3**　→解答 p.192
　自然数 a，b，c，d は
$$c=4a+7b, \quad d=3a+4b$$
を満たしているものとする.
(1)　c+3d が5の倍数ならば 2a+b も5の倍数であることを示せ.
(2)　a と b が互いに素で，c と d がどちらも素数 p の倍数ならば，p=5 である
　　ことを示せ. ただし，2つの自然数が互いに素とは，1以外の正の公約数をも
　　たないことをいう.

（千葉大）

9　互いに素(2)

n を自然数とするとき，$m \leqq n$ でmとnの最大公約数が1となる自然数 mの個数を $f(n)$ とする.

(1)　$f(15)$ を求めよ.

(2)　p，q を互いに異なる素数とする. このとき $f(pq)$ を求めよ.

(名古屋大)

精│講　前講で確認した通り，2つの数の**最大公約数が1**であるということを**互いに素**といいましたね. よって，本問の $f(n)$ は「**n 以下の自然数で，n と互いに素であるものの個数**」を表しています.

　どんな分野の問題でも，見慣れない定義や設定が与えられたら**具体的な値で実験してみる**ことが有効です.

ex) $n = 9 = 3^2$ と互いに素である 9 以下の自然数は

　　　　1　2　~~3~~　4　5　~~6~~　7　8　~~9~~

← ×印がついた数はどんな数かな？

の 6 個だから，$f(9) = 6$ ですね.

解　答

(1)　15 以下の自然数で，15 と互いに素であるものは，3 と 5 を素因数に含まない数である.

　　　1　2　~~3~~　4　⑤　~~6~~　7　8　~~9~~　⑩

　　　11　~~12~~　13　14　~~⑮~~

← 3 の倍数に×印を，5 の倍数に□をつけました.

　　　×印も□もついてないのは 8 個だから

$$f(15) = 8$$

(2)　pq 以下の自然数で

　　　p の倍数は，$p \cdot 1$，$p \cdot 2$，$\cdots$，$p \cdot q$ の q 個.

　　　q の倍数は，$q \cdot 1$，$q \cdot 2$，$\cdots$，$q \cdot p$ の p 個.

　　　これらの $p + q$ 個の中で重複しているのは，pq の 1 個だけだから，pq と互いに素であるものの個数 $f(pq)$ は

$$f(pq) = pq - (p + q - 1) = (\boldsymbol{p-1})(\boldsymbol{q-1})$$

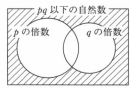

← この斜線部にある自然数の個数が求める $f(pq)$ です.

参考　このf(n)は**オイラー関数**(Euler's function)と呼ばれています.
(普通はφ(n)で表すので,**オイラーのファイ関数**と呼ばれたりもします.)
オイラー関数φ(n)には次の性質があることが知られています.

① pが素数のとき,1からp-1がすべてpと互いに素なので
$$\phi(p)=p-1$$
また,kを自然数とするとき,1からp^kの中でpの倍数は
$$p\cdot1,\ p\cdot2,\ p\cdot3,\ \cdots,\ p\cdot p^{k-1}$$
のp^{k-1}個だから
$$\phi(p^k)=p^k-p^{k-1}$$

② m,nが互いに素であるとき,
$$\phi(mn)=\phi(m)\phi(n)$$

③ nの素因数が$p_1,\ p_2,\ \cdots,\ p_k$のとき,**感覚的**には(つまり厳密ではないが),1からnの中でp_1の倍数の割合が$\dfrac{1}{p_1}$だから,p_1と互いに素であるものの個数は$n\left(1-\dfrac{1}{p_1}\right)$である.同様に,この中で$p_2$の倍数の割合が$\dfrac{1}{p_2}$だから,$p_2$と互いに素であるものの個数は$n\left(1-\dfrac{1}{p_1}\right)\left(1-\dfrac{1}{p_2}\right)$である.これをくり返して
$$\phi(n)=n\left(1-\dfrac{1}{p_1}\right)\left(1-\dfrac{1}{p_2}\right)\cdots\left(1-\dfrac{1}{p_k}\right)$$

◢ **演習問題 4**　→解答 p.192

nを2以上の整数とする.n以下の正の整数のうち,nとの最大公約数が1となるものの個数をE(n)で表す.例えば
$$E(2)=1,\ E(3)=2,\ E(4)=2,\ \cdots,\ E(10)=4,\ \cdots$$
である.

(1) E(1024)を求めよ.

(2) E(2015)を求めよ.

(3) mを正の整数とし,pとqを異なる素数とする.$n=p^m q^m$のとき
$$\frac{E(n)}{n}\geqq\frac{1}{3}$$
が成り立つことを示せ.

(一橋大)

10　ユークリッドの互除法

(1)　589 と 703 の最大公約数を求めよ.

(2)　m, n が互いに素な自然数であるとき, $\dfrac{4m+9n}{3m+7n}$ は既約分数であることを示せ.

精|講　すでに学んだ通り, 2つの数を素因数分解できれば, 最大公約数をすぐに求められます. しかし, **大きい数になればなるほどその数が素因数分解できるかどうかの判断が難しいのです**.

◀この事実が現在の暗号技術に役立っているのです！

そこで便利なのが**ユークリッドの互除法**(または単に**互除法**という)です.

> 自然数 m, n の最大公約数を $G(m, n)$ で表す.
> 　a を b で割ったときの余りを r とすれば
> $$G(a, b)=G(b, r)$$
> が成り立つ.

[証明]　a と b の最大公約数を g とすれば
$$a=ga', \quad b=gb' \quad (a', b' : 自然数)$$
とおける. また, a を b で割ったときの商を q とすれば $a=bq+r$ が成り立つので
$$r=a-bq=g(a'-b'q)$$
となり, g は r の約数である. つまり, g は b と r の公約数である.

◀まず, r が g の倍数であることを示す.

次に, b と r の公約数で g より大きい G が存在するならば
$$b=Gb'', \quad r=Gr'' \quad (b'', r'' : 自然数)$$
とおけて
$$a=bq+r=G(b''q+r'')$$
から, G は a の約数である. つまり, G は a と b の公約数であるが, これは a と b の最大公約数が g であることに矛盾する.

◀次に, g が**最大**であることを**背理法**で示す.

よって, a と b の最大公約数と b と r の最大公約数は一致する.　　　　　　　　　　（証明終了）

要するに

$$a = bq + r$$

が成り立つとき

　　a と b が g の倍数なら，r も g の倍数である

ということです．

←この形でさえあればよいので割り算でなくても OK

ex） 420 と 66 の最大公約数を求めてみましょう．

（もちろん，これぐらいなら素因数分解した方が早い．）

$$\begin{aligned}
G(420,\ 66) &= G(66,\ 24) \\
&= G(24,\ 18) \\
&= G(18,\ 6) \\
&= 6
\end{aligned}$$

←$420 = 66 \cdot 6 + 24$
$66 = 24 \cdot 2 + 18$
$24 = 18 \cdot 1 + 6$
$18 = 6 \cdot 3$

解　答

自然数 a, b の最大公約数を $G(a,\ b)$ で表す．

(1)　$\begin{aligned}
G(589,\ 703) &= G(589,\ 114) \\
&= G(114,\ 19) \\
&= \mathbf{19}
\end{aligned}$

←$703 = 589 \cdot 1 + 114$
$589 = 114 \cdot 5 + 19$
$114 = 19 \cdot 6$

(2)　m, n が互いに素のとき $G(m,\ n) = 1$ だから

$$\begin{aligned}
&G(4m+9n,\ 3m+7n) \\
&= G(3m+7n,\ m+2n) \\
&= G(m+2n,\ n) \\
&= G(n,\ m) \\
&= 1
\end{aligned}$$

←$4m+9n = (3m+7n) \cdot 1 + m+2n$
$3m+7n = (m+2n) \cdot 3 + n$
$m+2n = n \cdot 2 + m$

よって，$4m+9n$ と $3m+7n$ は互いに素である．

したがって，$\dfrac{4m+9n}{3m+7n}$ は既約分数である．

◀ **演習問題 5**　→ 解答 p.193

3029 と 2171 の最大公約数および最小公倍数を求めよ．

11 素因数の個数

$2010!=2^n m$（mは奇数）のとき，自然数nを求めると $n=\boxed{}$.

（小樽商大）

精│講 まず，この問題の意味が理解できましたか？ 小学生に通じるようにいい換えれば「**1 から 2010 までかけた数は，2 で何回割れますか？**」ということです．少し賢い小学生なら解ける問題ですよ．

← 正確ないい方をするなら「割り切れますか？」です.

さて，2010 は大きいので，12 で実験してみましょう．下の表を見てください．

	1	2	3	4	5	6	7	8	9	10	11	12
2 の倍数		○		○		○		○		○		○
4 の倍数				○				○				○
8 の倍数								○				

1 から 12 までをそれぞれ素因数分解したときに含まれる 2 の個数（8 には 3 個，12 には 2 個など）と，この表の○印が対応することがわかりますね．
○印は全部で 10 個だから，12! は

$$12!=2^{10}\cdot(奇数)$$

と表せます．

← (奇数)に素因数 2 は含まれません.

小さい数ならこのように数え上げてもよいのですが，もっと大きな数にでも対応できるように規則性を考えてみましょう．

1 段目の○の個数は，2 の倍数の個数だから

$$\frac{12}{2}=6 個$$

2 段目の○の個数は，4 の倍数の個数だから

$$\frac{12}{4}=3 個$$

3 段目の○の個数は，8 の倍数の個数だから

$$\frac{12}{8}=1.5 \longrightarrow 1 個$$

よって，○の総数は $6+3+1=10$ 個

これを拡張して，一般的に

$n!$ に含まれる素因数 p の個数は

$$\dfrac{n}{p^k} \text{ の整数部分の和}$$

◀ $k=1$, 2, 3, … と動かして
合計するんです！

ということがいえますね.

ちなみに，実数 x の**整数部分**は $[x]$ と表しますので

◀ **ガウス記号**といいます.
（詳しくは後述）

$n!$ に含まれる素因数 p の個数は $\left[\dfrac{n}{p^k}\right]$ の和

と書けます.

解 答

1 から 2010 までの自然数の中に，2^k（k：自然数）
の倍数は $\left[\dfrac{2010}{2^k}\right]$ 個あるから，求める n は

$$n=\left[\dfrac{2010}{2^1}\right]+\left[\dfrac{2010}{2^2}\right]+\left[\dfrac{2010}{2^3}\right]+\cdots+\left[\dfrac{2010}{2^{10}}\right]$$
$$=1005+502+251+125+62+31+15+7+3+1$$
$$=2002$$

◀ $2^{11}=2048>2010$
なので k は 10 まで.
◀ 実際の計算は，それぞれ割っ
ているのではなく，どんどん
2 で割っていけばよいのです.

参考〉 この考え方から，**$n!$ の末尾に並ぶ 0 の個数**がわかります. 例えば 4000
は

$$4000=4\cdot10^3$$

だから 0 が 3 個並ぶのですが，これは $10=2\cdot5$ なので 2 と 5 の少ない方の個
数に等しいのです. 実際，4000 を素因数分解すれば $2^5\cdot5^3$ となっています.

したがって，1 から n までをかけた数 $n!$ においては，**2 が十分にあるから**
（末尾の 0 の個数）＝（素因数 5 の個数）

という関係が成り立ち，素因数 5 の個数を上の解答と同様に求めることで，末尾
の 0 の個数を求められるのです.

◀ **演習問題 6** → 解答 p.194

自然数 n について $n!$ の末尾に続く 0 の個数を a_n とする.

(1) a_5 と a_{25} を求めよ.

(2) a_{125} を求めよ.

(3) $n=5^k$ のとき，a_n を k の式で表せ.

（群馬大）

第2章　剰余類

12　余りで分類

l, m, n は自然数とする.

(1)　n^2 を3で割った余りは0または1であることを示せ.

(2)　l^2+m^2 が3の倍数のとき, l, m がともに3の倍数であることを示せ.

精講　問題文に直接書いてあるわけではないですが, 題意は「**すべての自然数について**の証明」です. $n=1$ の場合, $n=2$ の場合, …とやり続けてもキリがありません.

そこで, **自然数nをある自然数pで割った余りで分類**することが有効になります.

◀ pで割った余りは
0, 1, 2, …, $p-1$
のp通り.

本問は3で割った余りの問題ですね. そこで, すべての自然数nを**3で割った余り**に注目して

$\{3,\ 6,\ 9,\ 12,\ \cdots\}$　…**余り0の集合**
$\{1,\ 4,\ 7,\ 10,\ \cdots\}$　…**余り1の集合**
$\{2,\ 5,\ 8,\ 11,\ \cdots\}$　…**余り2の集合**

◀ これらを（3を法とする）**剰余類**といいます.

の3つに分類します. 各集合の要素はそれぞれ

$$3k,\qquad 3k+1,\qquad 3k+2\ (k：整数)$$

という形をしていますね. だから, この形において計算すれば, 3パターンを調べるだけで, **すべての自然数について調べている**ことになるのです！

◀ 厳密には, $3k+1$ と $3k+2$ での k は 0 以上の整数で, $3k$ での k は自然数ということになりますが, 細かいことはおいておきましょう.

さらに, 例えば $8=3\cdot2+2$ は

$$8=3\cdot3-1$$

と表してもよいですね.

したがって, 上記の3つは

$$3k-1,\qquad 3k,\qquad 3k+1$$

とおいても意味は変わりません. この形の方が計算がラクになることが多いです.

　もちろん，**いくつで割った余りに注目する**かは問題によります．問題ごとにうまく見抜いてほしいのですが，その前にまずは下手でもよいから手を動かしてほしいと筆者は思います！

解　答

(1)　n を 3 で割った余りで分類して

$$n=3k,\ 3k\pm1\ (k：整数)$$

とおけば

$$n^2=(3k)^2,\qquad (3k\pm1)^2$$
$$=3\cdot3k^2,\qquad 3(3k^2\pm2k)+1$$

となり，n^2 を 3 で割った余りは 0 または 1 である．

← 平方数を 3 で割った余りが 2 になることはないのです！

(2)　(1)により，l^2, m^2 を 3 で割った余りは 0 または 1 だから，l^2+m^2 を 3 で割った余りは右表の通り．

　　よって，l^2+m^2 が 3 の倍数になるのは，l^2, m^2 を 3 で割った余りがともに 0 のときである．

　　(1)の計算から，2 乗した結果が 3 の倍数なら 1 乗も 3 の倍数であることがわかるから，l, m はともに 3 の倍数である．

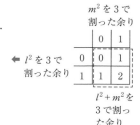

m^2 を 3 で割った余り

← l^2 を 3 で割った余り

		0	1
		0	1
0		0	1
1		1	2

l^2+m^2 を 3 で割った余り

[補足$^+$]　(2)で例えば，$l^2=3l'+1$, $m^2=3m'+1$ の場合，l^2+m^2 は

$$l^2+m^2=(3l'+1)+(3m'+1)=3(l'+m')+2$$

となり，3 で割った余りは 2 になります．結局のところ，**余りの部分だけを足せばよい**ことになります．このことは，**差や積についても同様**です．

　一般的に，整数 m, n を p で割った余りをそれぞれ r_1, r_2 とすれば

$$m=pm'+r_1,\ n=pn'+r_2$$

とおけて

$$m+n=p(m'+n')+(r_1+r_2)$$
$$m-n=p(m'-n')+(r_1-r_2)$$
$$mn=(pm'+r_1)(pn'+r_2)=p(pm'n'+m'r_2+n'r_1)+r_1r_2$$

となるから，**和・差・積 を p で割った余りはそれぞれ**

　　　余りの和：r_1+r_2　　　余りの差：r_1-r_2　　　余りの積：r_1r_2

に**依存**します．

　「一致」といわず，「依存」という微妙な表現を使ったのには理由があります．例えば 5 で割った余りが 3 である 2 つの整数 m, n に対して

$$m=5m'+3,\ n=5n'+3$$

とおくと

$$m+n=5(m'+n')+6$$

となります．だからといって「$m+n$ を 5 で割った余りは 6」ではないですよ！　5 で割った余りは 0，1，2，3，4 のいずれかだから，6 はダメです．この場合は

$$m+n=5(m'+n')+5+1$$

とできて，余りが 1 であることがわかります．つまり

　　　　余りの和は 6 ―― 6=5+1 だから余りは 1

という流れで考えるのです．差と積についても同様になります．

研究　合同式

　整数 m，n を p で割った余りが等しいことを

$$m\equiv n\ (\mathrm{mod}\,p)$$

と書き，「m と n は p を法として合同である」といいます．上述の通り，余りだけに注目して計算してよいので，それを記号化したものです．

ex) $7\equiv1(\mathrm{mod}\,3)$…7 と 1 は 3 で割った余りが等しい．つまり，7 を 3 で割った余りが 1 であることを表します．

　これを使えば，補足⁺で確認したことは

　　$a\equiv b$　かつ　$c\equiv d$　ならば

　　　　$a+c\equiv b+d$，　$a-c\equiv b-d$，　$ac\equiv bd$　（$\mathrm{mod}\,p$ は省略）

と書けます．これは表記上とても便利な記号です！　が，しかし，筆者の個人的な意見としては**受験生は安易に使わない方がよい**と思っています．というのは，結局は『**余りに注目している**』だけなのに，そのことを理解せずに計算方法だけを覚えて使おうとする人がいるからです．本書では，第 2 部の解答の一部にだけ使用しています．

　また，例えば n を奇数とするとき

$$n\equiv1(\mathrm{mod}\,2)\quad\therefore\quad n^2\equiv1(\mathrm{mod}\,2)$$

となり，「奇数の 2 乗は奇数である」といえますが

$$n=2k+1\quad\text{とおくと}\quad n^2=4k(k+1)+1$$

なので，「奇数の 2 乗は 4 で割った余りが 1」（もっと強く「8 で割った余りが 1」）とできます．つまり，合同式を使うよりも，$2k+1$ とおいた方がより精度の高い情報を得られるときがあるのです．

◀ **演習問題 7**　→ 解答 p.194

　m を自然数とするとき，m^3-m が 4 で割り切れるための必要十分条件は，m を 4 で割った余りが 2 でないことを示せ．

（東京女子大）

13　素数になる・ならない

2 以上の自然数 n に対して，n と n^2+2 がともに素数になるのは $n=3$ のときに限ることを示せ．

（京　大）

精　講　$n=3$ のとき $n^2+2=11$ で，確かにともに素数になっています．この問題の難しい点は，**他にはないことを示さなければならない**という点でしょう．

← **素数**とは，1 と自分自身以外では割り切れない 2 以上の自然数．

少し**実験**してみましょう．下の表を見てください．

素数 n	2	3	5	7	11	13	…
n^2+2	6	11	27	51	123	171	…

n が 3 以外の素数のとき，n^2+2 はどんな数になっていますか？　そう，**すべて 3 の倍数になっています**ね．ただ，表にまだ現れていない数もあるので，これはあくまでも**予想**です．この予想を，前述の『**余りで分類**』を利用して証明しましょう．

解　答

$n=3$ のとき，$n^2+2=11$ で，ともに素数である．

n が 3 以外の素数のとき，n は 3 の倍数でないから

$$n=3k\pm1 \ (k：自然数)$$

← 3 で割った余りが 1 or 2

とおけて

$$n^2+2=(3k\pm1)^2+2$$
$$=9k^2\pm6k+3$$
$$=3(3k^2\pm2k+1)$$

となり，これは 3 の倍数．n^2+2 は 3 より大きいので，これは素数になりえない．

← 3 の倍数かつ素数であるのはただ 1 つ 3 だけ！

よって，題意は示された．

演習問題 8　→ 解答 p.194

4 個の整数

$$n+1, \ n^3+3, \ n^5+5, \ n^7+7$$

がすべて素数となるような正の整数 n は存在しない．これを証明せよ．　（阪　大）

14　倍数の証明

n を奇数とする．次の問いに答えよ．

(1)　n^2-1 は 8 の倍数であることを証明せよ．

(2)　n^5-n は 3 の倍数であることを証明せよ．

(3)　n^5-n は 120 の倍数であることを証明せよ．

(千葉大)

精　講　本問も『余りで分類』が使えます！

(1)では，n を 4 で割った余りで分類して
$$n=4k+1,\ 4k+3\ (k：整数)$$
とおけば

← n は奇数だから
$n=4k,\ 4k+2$
は不要です．

$$n^2-1=(4k+1)^2-1,\ (4k+3)^2-1$$
$$=8(2k^2+k)\ ,\ 8(2k^2+3k+1)$$

と証明できます．

しかし，ここでは別の解法を紹介しましょう．それは

連続 k 整数の積は k の倍数 ($k!$ の倍数)

という事実を使う解法です．例えば
$$7\cdot8\cdot9\cdot10\cdot11$$
は，連続した 5 つの整数の積です．すると，この 5 つの数の中に必ず 5 の倍数が含まれます(この例では10)．

よって，この数は 5 の倍数です．同様に 4，3，2 の倍数であることもいえるので $5!$ の倍数であることがいえます．

← 4 の倍数であることと，2 の倍数であることは，別々の因数からいえます．

一般的に，連続する k 個の整数を
$$n,\ n-1,\ n-2,\ \cdots,\ n-k+1$$
として，その積は

$$n(n-1)(n-2)\cdots(n-k+1)=\frac{n!}{(n-k)!}=k!_nC_k$$

← $_nC_k=\dfrac{n!}{k!(n-k)!}$

とでき，$_nC_k$ は異なる n 個のものから k 個を取り出す組合せの総数だから自然数で，左辺が $k!$ の倍数であることが示されます．

解　答

(1)　奇数 n を $n=2k+1$ $(k：整数)$ とすると
$$n^2-1=(n-1)(n+1)$$
$$=2k(2k+2)$$
$$=4k(k+1)$$

ここで，$k(k+1)$ は連続 2 整数の積なので 2 の倍数である．よって，n^2-1 は $4\cdot2=8$ の倍数である．

← k, $k+1$ のどちらかは 2 の倍数です．

(2)　n^5-n を因数分解すると
$$n^5-n=n(n^4-1)$$
$$=n(n^2-1)(n^2+1)$$
$$=(n-1)n(n+1)(n^2+1)$$

ここで，$(n-1)n(n+1)$ は連続 3 整数の積なので 3 の倍数である．よって，n^5-n は 3 の倍数である．

← $n-1$, n, $n+1$ のいずれかは 3 の倍数です．

(3)　(1)，(2)より，n^5-n は $8\cdot3=24$ の倍数なので，あとは 5 の倍数になっていることを示せばよい．
$$n^5-n=(n-1)n(n+1)(n^2+1)$$
$$=(n-1)n(n+1)\{(n-2)(n+2)+5\}$$
$$=(n-2)(n-1)n(n+1)(n+2)$$
$$+5(n-1)n(n+1)$$

ここで，$(n-2)(n-1)n(n+1)(n+2)$ は連続 5 整数の積なので 5 の倍数であり，$5(n-1)n(n+1)$ も 5 の倍数だから n^5-n は 5 の倍数である．

← 連続 5 整数の積にするために $(n-2)(n+2)$ が欲しい．だから**強引**に $n^2+1=(n-2)(n+2)+5$ としたのです！

補足 ⁺　(3)において，解答のような（強引な）変形が思い付かなかったら，n を 5 で割った余りで分類して
$$n=5k\pm2,\ 5k\pm1,\ 5k\ (k：整数)$$
とおくことで，因数のどれかが 5 の倍数になることを示してもよいでしょう．

◢ **演習問題 9** → 解答 p.194

自然数 n に対し $f(n)=6n^5-15n^4+10n^3-n$ とおく．このとき，次の問いに答えよ．
(1)　$f(1)$, $f(2)$, $f(3)$ の値を求めよ．
(2)　すべての自然数 n に対して，$f(n)$ は 30 で割り切れることを示せ．

(香川大)

15　ピタゴラス数(1)

自然数の組 $(x,\ y,\ z)$ が等式 $x^2+y^2=z^2$ を満たすとする.

(1)　すべての自然数 n について, n^2 を4で割った余りは0か1のいずれか
　　であることを示せ.

(2)　x と y の少なくとも一方が偶数であることを示せ.

(3)　x が偶数, y が奇数であるとする. このとき, x が4の倍数であること
　　を示せ.

(早　大)

精講　本問のように**三平方の定理(ピタゴラス
の定理)** を満たす自然数の組 $(x,\ y,\ z)$
を**ピタゴラス数**といいます. このピタゴラス数に関す
る問題は, **割った余り**に注目することが多く, また**背
理法などの論証**がセットになることも多いのが特徴で
す.

← $(3,\ 4,\ 5)$ や $(5,\ 12,\ 13)$ が
有名ですね.

(1)では, n を4で割った余りで分類してもよいので
すが, 「2乗した結果を4で割った余り」を考えるの
だから, 1乗は**2で割った余り**で分類です.

← $4k,\ 4k+1,\ 4k+2,\ 4k+3$
の4つに分けるより
$$2k,\ 2k+1$$
の2つに分けた方がラク.

(2)では, $x,\ y$ の偶奇に注目するわけですが, これ
は全部で右表の4パターンがあります. ①～③の場合
に $x^2+y^2=z^2$ を満たす $x,\ y,\ z$ が存在することを
確認しても題意の証明にはなりません! それだと④
の場合にも存在するかもしれないからです. つまり
「④はダメ」 ということを示すべきなのです. だから,
④の仮定をして**背理法**です!

	①	②	③	④
x	偶	偶	奇	奇
y	偶	奇	偶	奇

(3)では, x が偶数であることが仮定されているので
$x=2a$ とおいて, **a が偶数であることを示す**のが目
標です.

解　答

(1)　$n=2k,\ 2k+1(k:$ 整数$)$ とおくと
$$n^2=(2k)^2,\ (2k+1)^2$$
$$=4k^2\ ,\ 4(k^2+k)+1$$

← k の正確な範囲は本問の議論
に影響しません.

となるので, n^2 を 4 で割った余りは 0 か 1 のいずれかである.

(2) x と y がともに奇数であると仮定すれば, (1)から
$$x^2=4l+1, \quad y^2=4m+1 \ (l, \ m：整数)$$
とおけて
$$x^2+y^2=4(l+m)+2$$
つまり, x^2+y^2 を 4 で割った余りは 2 であるが,
(1)から z^2 を 4 で割った余りは 0 か 1 なので
$x^2+y^2=z^2$ に矛盾する.

よって, x と y の少なくとも一方は偶数である.

← (1)から, 奇数の2乗は, 4で割った余りが1になります.

← ④が NG だから, ①～③のどれかが成り立つということです.

(3) x が偶数, y が奇数のとき x^2+y^2 は奇数なので, z^2 が奇数. つまり, z が奇数である. よって
$$x=2a, \ y=2b+1, \ z=2c+1 \ (a, \ b, \ c：整数)$$
とおける. このとき, $x^2+y^2=z^2$ より
$$(2a)^2+(2b+1)^2=(2c+1)^2$$
$$\Longleftrightarrow 4a^2+4b^2+4b+1=4c^2+4c+1$$
$$\Longleftrightarrow a^2=c(c+1)-b(b+1)$$
ここで, $c(c+1)$, $b(b+1)$ は連続 2 整数の積なのでともに偶数である.

したがって, a^2 は偶数, つまり a は偶数である.

ゆえに, $x=2a$ は 4 の倍数である.

← a が偶数になることを示したいので, 左辺を a だけにしてみる.

◢ **演習問題 10**　→ 解答 p.195

(Ⅰ)
(1) 任意の自然数 a に対し, a^2 を 3 で割った余りは 0 か 1 であることを証明せよ.

(2) 自然数 a, b, c が $a^2+b^2=3c^2$ を満たすと仮定すると, a, b, c はすべて 3 で割り切れなければならないことを証明せよ.

(3) $a^2+b^2=3c^2$ を満たす自然数 a, b, c は存在しないことを証明せよ.

(九　大)

(Ⅱ) a, b, c は $a^2-3b^2=c^2$ を満たす整数とするとき, 次のことを証明せよ.
(1) a, b の少なくとも一方は偶数である.

(2) a, b がともに偶数なら, 少なくとも一方は 4 の倍数である.

(3) a が奇数なら b は 4 の倍数である.

(東北大)

16　ピタゴラス数 (2)

m, n $(m < n)$ を自然数とし
$$a = n^2 - m^2, \quad b = 2mn, \quad c = n^2 + m^2$$
とおく．3辺の長さが a, b, c である三角形の内接円の半径を r とし，その三角形の面積を S とする．このとき，以下の問いに答えよ．

(1)　$a^2 + b^2 = c^2$ を示せ．

(2)　r を m, n を用いて表せ．

(3)　r が素数のときに，S を r を用いて表せ．

(4)　r が素数のときに，S が 6 で割り切れることを示せ．

(神戸大)

精│講　読者には a, b, c のおきかたが唐突だったかもしれませんが，これが**ピタゴラス数の一般解**になっていて，大学入試でもときどき出題されています．とはいっても，本問のように与えられたり，誘導がつくので，この式を暗記しておく必要はありません．

(1)は代入するだけです．

(2)は，条件反射的に『**内接円の半径といえば面積！**』と考えた人も多いでしょう．もちろん悪くはありませんが，直角三角形だけは特別な方法が存在します．右図で太線の部分が正方形になるから
$\mathrm{CP} = \mathrm{CQ} = r$ で
$$\mathrm{BP} = a - r, \quad \mathrm{AQ} = b - r$$
円の接線の性質から　$\mathrm{AR} = \mathrm{AQ}$，$\mathrm{BR} = \mathrm{BP}$ なので
$$c = \mathrm{AR} + \mathrm{BR} = (b - r) + (a - r)$$
$$\therefore \quad r = \frac{a + b - c}{2}$$

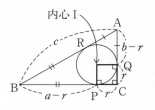

となります．

(3)は，(2)の結果が因数分解できることに注目します．そして，r が素数のとき，r の正の約数は 1 と r しかないから，因数の組合せが $(1, r)$，$(r, 1)$ の 2 パターンに限られます．

◀例えば，自然数 x, y に対して $xy = 5$ が成り立つのは $(x, y) = (1, 5)$, $(5, 1)$ だけですね．

(4)は**連続 k 整数の積は $k!$ の倍数**の出番です．

解 答

(1)　条件から
$$a^2+b^2=(n^2-m^2)^2+(2mn)^2$$
$$=n^4+2m^2n^2+m^4$$
$$=(n^2+m^2)^2=c^2$$

(2)　(1)から，題意の三角形は直角三角形なので
$$r=\frac{a+b-c}{2}=mn-m^2$$

←精講参照

(3)　(2)から $r=m(n-m)$ であり，これが素数のとき $(m,\ n-m)=(1,\ r),\ (r,\ 1)$ である．

ⅰ) $(m,\ n-m)=(1,\ r)$ の場合

$(m,\ n)=(1,\ r+1)$ であり，このとき面積Sは
$$S=\frac{1}{2}ab$$
$$=\frac{1}{2}\{(r+1)^2-1^2\}\cdot2\cdot1\cdot(r+1)$$
$$=r(r+1)(r+2)$$

←$a=n^2-m^2,\ b=2mn$ に代入！

ⅱ) $(m,\ n-m)=(r,\ 1)$ の場合

$(m,\ n)=(r,\ r+1)$ であり，このとき面積Sは
$$S=\frac{1}{2}ab$$
$$=\frac{1}{2}\{(r+1)^2-r^2\}\cdot2r(r+1)$$
$$=r(r+1)(2r+1)$$

(4)　r が素数のとき，(3)の結果が成り立つ．

ⅰ) $S=r(r+1)(r+2)$ は連続 3 整数の積なので $3!=6$ の倍数である．

ⅱ) $S=r(r+1)(2r+1)$
$$=r(r+1)\{(r-1)+(r+2)\}$$
$$=(r-1)r(r+1)+r(r+1)(r+2)$$

とでき，$(r-1)r(r+1),\ r(r+1)(r+2)$ はともに連続 3 整数の積なので $3!=6$ の倍数である．

←強引に**連続 3 整数の積**を作る！

いずれにしても，S は 6 で割り切れる．

研究 ピタゴラス数の一般解

(1) 代数的考察

ピタゴラスの定理 $a^2+b^2=c^2$ を満たす自然数の組 $(a,\ b,\ c)$ で，どの2数も互いに素であるものを考える.

$a,\ b$ がともに奇数であれば，$a^2+b^2=c^2$ から c は偶数で
$$a=2a'+1,\ b=2b'+1,\ c=2c'\ (a',\ b',\ c' : 整数)$$
とおける. $a^2+b^2=c^2$ に代入すると
$$4(a'^2+a'+b'^2+b')+2=4c'^2$$
となり，両辺を4で割った余りが一致しないので矛盾している.

よって，a は奇数，b は偶数，c は奇数としてよい. $a^2+b^2=c^2$ から
$$b^2=(c+a)(c-a)$$
とでき，$c+a,\ c-a$ はともに偶数なので
$$c+a=2p,\ c-a=2q,\ b^2=4pq\ (p,\ q : 自然数)$$
とおける. 第1式と第2式を $a,\ c$ についての連立方程式と見て解けば
$$a=p-q,\ c=p+q$$
である.

ここで，$p,\ q$ が1より大きい公約数 g をもって，$p=gp',\ q=gq'$ と表せるなら
$$a=g(p'-q'),\ c=g(p'+q')$$
となり，$a,\ c$ が互いに素であることに矛盾する.

よって，$p,\ q$ は互いに素であり，$b^2=4pq$ より
$$p=n^2,\ q=m^2$$
となる自然数 $m,\ n$ が存在する. したがって
$$a=n^2-m^2,\qquad b=2mn,\qquad c=n^2+m^2$$
と表せる.

(2) 幾何的考察

xy 座標平面において，点 $(-1,\ 0)$ を通り傾き k の直線 $y=k(x+1)$ と単位円 $x^2+y^2=1$ を連立して，y を消去すると
$$x^2+k^2(x+1)^2=1$$
$$\Longleftrightarrow (1+k^2)x^2+2k^2x+k^2-1=0$$
$$\Longleftrightarrow (x+1)\{(1+k^2)x-(1-k^2)\}=0$$
$$\therefore\ x=-1,\ \frac{1-k^2}{1+k^2}$$

よって，図の点Pの座標は
$$\left(\frac{1-k^2}{1+k^2},\ \frac{2k}{1+k^2}\right)$$

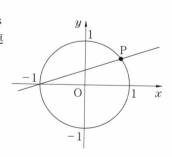

となる.

このx座標とy座標がともに有理数になるのはkが有理数のときであり

$$k=\frac{m}{n} \quad (m,\ n：互いに素な整数)$$

とおくと

$$\left(\frac{1-k^2}{1+k^2},\ \frac{2k}{1+k^2}\right)=\left(\frac{n^2-m^2}{n^2+m^2},\ \frac{2mn}{n^2+m^2}\right)$$

となる.

これが単位円 $x^2+y^2=1$ 上の点だから

$$\left(\frac{n^2-m^2}{n^2+m^2}\right)^2+\left(\frac{2mn}{n^2+m^2}\right)^2=1$$
$$\therefore \quad (n^2-m^2)^2+(2mn)^2=(n^2+m^2)^2$$

とできる.

つまり，$a^2+b^2=c^2$ を満たす整数 $a,\ b,\ c$ は

$$a=n^2-m^2, \quad b=2mn, \quad c=n^2+m^2$$

と表せる.

◢ **演習問題 11**　→ 解答 p.196

　自然数 $a,\ b,\ c$ について，等式 $a^2+b^2=c^2$ が成り立ち，かつ $a,\ b$ は互いに素とする．このとき，次のことを証明せよ．

(1)　a が奇数ならば，b は偶数であり，したがって c は奇数である．

(2)　a が奇数のとき，$a+c=2d^2$ となる自然数 d が存在する．

（京　大）

第 3 章 不定方程式

17 1次不定方程式（直線型）

(1) 等式 $3x+5y=1$ を満たす整数 x，y の組を求めよ．

(2) 等式 $3x+5y=n$ を満たす 0 以上の整数 x，y の組が，ちょうど 5 組存在するような自然数 n の中で最小の値を求めよ．

精 講　解の 1 つ（**特殊解**）を見つけ，それを $(x_0,\ y_0)$ とすれば右の計算から

$$3(x-x_0)=5(y_0-y) \quad \cdots\cdots(*)$$

とでき，3 と 5 は互いに素だから

$$x-x_0=5k \ (k：整数)$$

さらに（ $*$ ）から

$$3\cdot5k=5(y_0-y) \quad \therefore\quad y-y_0=-3k$$

$$\therefore\quad \boldsymbol{x=x_0+5k,\qquad y=y_0-3k} \quad \cdots\cdots(**)$$

とする方法が有名です．

$$\begin{array}{r}
3x+\ \ 5y=1\\
-)\quad 3x_0+\ 5y_0=1\\
\hline
3(x-x_0)+5(y-y_0)=0
\end{array}$$

しかし，何をやっているのかイメージしにくい解法であることも事実です．そこで，おすすめしたいのは

直線上の格子点

を考える方法です．与式を変形して

$$y=-\frac{3}{5}x+\frac{1}{5}$$

とすると，座標平面上の直線がイメージできますね．求める x，y の組 $(x,\ y)$ は，**この直線上にある格子点**を表しています．

←格子点とは，座標平面において，x 座標と y 座標がともに整数である点のことです．

直線上にある格子点を 1 つ（ $(x_0,\ y_0)$ とします．）見つけることができれば，傾きが $-\dfrac{3}{5}$ であることから，5 進んで 3 下がったところに隣の格子点が存在します．これをくり返して

$$(x_0,\ y_0)$$
$$(x_0,\ y_0)+(5,\ -3)=(x_0+5,\ y_0-3)$$
$$(x_0,\ y_0)+2(5,\ -3)=(x_0+5\cdot2,\ y_0-3\cdot2)$$
$$(x_0,\ y_0)+3(5,\ -3)=(x_0+5\cdot3,\ y_0-3\cdot3)$$

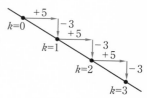

と，**直線上にある格子点をすべて表すことができるの**です．これは前ページの(＊＊)と一致していますね．

解 答

(1) $3x+5y=1$ を座標平面上の直線と見れば，点 $(-3,\ 2)$ がこの直線上の格子点の1つであることと，傾きが $-\dfrac{3}{5}$ であることから，この直線上の格子点は

←最初の1個は，左ページの図から高々5個調べれば見つかることがわかります．

$$(x,\ y)=(-3,\ 2)+k(5,\ -3)$$
$$=(-3+5k,\ 2-3k)\,(k：整数)$$

と表せる．

(2) 直線 $3x+5y=n$ の $x\geqq0$，$y\geqq0$ の部分に，格子点がちょうど5個あり，かつ y 切片 $\dfrac{n}{5}$ が最小になるのは右図のときだから

$$\dfrac{n}{5}=3\cdot4 \qquad \therefore\quad \boldsymbol{n=60}$$

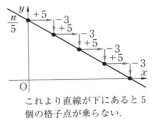

これより直線が下にあると5個の格子点が乗らない．

補足 係数がもっと大きい数だと最初の1個を見つけるのが難しくなります．そんなときには**ユークリッドの互除法**が役立ちます．

係数5と3の最大公約数を求めるときと同様に

$$\begin{cases}5=3\cdot1+2\\3=2\cdot1+1\end{cases} \xrightarrow[a=3,\ b=5\ とおく.]{見やすくするために} \begin{cases}b=a+2\\a=2+1\end{cases}$$

として，この2式からジャマな2を消去すれば

$$a=(b-a)+1 \iff 2a-b=1 \iff a\cdot2+b\cdot(-1)=1$$

よって，格子点の1つが $(2,\ -1)$ であるとわかります．上の解答とは別の点になったので，答えが $(2+5k,\ -1-3k)$ となりますが特に問題はありません．

演習問題 12　→ 解答 p.197

(I) 1次不定方程式 $37x+32y=1$ の整数解を1組求めよ．　　　　(鹿児島大)

(II) 2013を素因数分解すると $\boxed{}$ である．$x=\boxed{}$，$y=0$ は，方程式 $11x+25y=2013$ を満たす．$x,\ y$ をともに0以上の整数とするとき，方程式 $11x+25y=2013$ を満たす $(x,\ y)$ の組は全部で $\boxed{}$ 組あり，それらの中で x^2+y^2 の値が最大になるのは $x=\boxed{}$，$y=\boxed{}$ のときである．

(同志社大)

18　2次以上の不定方程式(分解型)(1)

(1)　$xy+2x+3y=0$ を満たす整数 x, y の組を求めよ.

(2)　$3xy+2x+y+2=0$ を満たす整数 x, y の組を求めよ.

(3)　$a^3-b^3=65$ を満たす整数の組 (a, b) をすべて求めよ.　　　　(京　大)

精|講　　2次以上の不定方程式の場合, 整数解を求める一般論はありませんが, 大学入試で出題される問題には

$$(\quad)(\quad)=(整数)$$

の形に変形することで解けるものが多くあります.

　例えば, $xy=3$ を満たす整数 x, y の組は

$$\begin{pmatrix}x\\y\end{pmatrix}=\begin{pmatrix}1\\3\end{pmatrix}, \begin{pmatrix}3\\1\end{pmatrix}, \begin{pmatrix}-1\\-3\end{pmatrix}, \begin{pmatrix}-3\\-1\end{pmatrix}$$

ですべてですね.

←x, y が**実数**なら

$$\begin{pmatrix}\sqrt{3}\\\sqrt{3}\end{pmatrix}, \begin{pmatrix}-5\\-\frac{3}{5}\end{pmatrix}, \cdots$$

など, **解は無数**にある.

(1)　左辺の xy に注目して, とりあえず

$$(x \quad)(y \quad)$$

とイメージします. 次に, 展開したときに $2x$ と $3y$ が出てくるように

$$(x+3)(y+2)$$

とします. これを実際に展開すれば

$$xy+2x+3y+6$$

となるから, 与式の左辺に 6 を足したことになっています. このままでは**ツジツマが合わない**ので, **右辺にも 6 を足して**

$$(x+3)(y+2)=6$$

とすることで目標の形にできました.

←展開・整理してちゃんと戻るか確認しましょう!

(2)　(1)と同様に…と思っても, 最初の 3 がジャマに感じるかもしれません. しかし, この 3 はどうでもイイのです!　プロセスにおいて

$$(3x+1)\left(y+\frac{2}{3}\right)=-\frac{4}{3}, \quad \left(x+\frac{1}{3}\right)(3y+2)=-\frac{4}{3}$$

のどちらになったとしても(これら以外の形になったとしても)両辺に 3 をかければ同じ式

$$(3x+1)(3y+2)=-4$$

となります.

　さらに，$3x+1$，$3y+2$ を 3 で**割った余り**がそれ ← いつでも**割った余り**に注意し
ぞれ 1，2 であることを利用すると，効率よく数え　　ておくべきです！
上げることができます.

(3)　因数分解の公式
$$a^3-b^3=(a-b)(a^2+ab+b^2)$$
を利用します．あとは a，b の連立方程式を解けば
よいのですが，少し工夫するとラクになります.

解　答

(1)　$xy+2x+3y=0$ から
$$(x+3)(y+2)=6$$
$x+3$，$y+2$ は整数だから　　　　　　　　　← この式変形がスムーズにでき
　　　　　　　　　　　　　　　　　　　　　　るよう練習しましょう！

$$\begin{pmatrix}x+3\\y+2\end{pmatrix}=\begin{pmatrix}1\\6\end{pmatrix}, \begin{pmatrix}2\\3\end{pmatrix}, \begin{pmatrix}3\\2\end{pmatrix}, \begin{pmatrix}6\\1\end{pmatrix},$$
$$\begin{pmatrix}-1\\-6\end{pmatrix}, \begin{pmatrix}-2\\-3\end{pmatrix}, \begin{pmatrix}-3\\-2\end{pmatrix}, \begin{pmatrix}-6\\-1\end{pmatrix}$$

$$\therefore\ \begin{pmatrix}x\\y\end{pmatrix}=\begin{pmatrix}-2\\4\end{pmatrix}, \begin{pmatrix}-1\\1\end{pmatrix}, \begin{pmatrix}0\\0\end{pmatrix}, \begin{pmatrix}3\\-1\end{pmatrix},$$
$$\begin{pmatrix}-4\\-8\end{pmatrix}, \begin{pmatrix}-5\\-5\end{pmatrix}, \begin{pmatrix}-6\\-4\end{pmatrix}, \begin{pmatrix}-9\\-3\end{pmatrix}$$

(2)　$3xy+2x+y+2=0$ から
$$(3x+1)(3y+2)=-4$$
　$3x+1$ は 3 で割った余りが 1 になる整数で，
　$3y+2$ は 3 で割った余りが 2 になる整数だから

$$\begin{pmatrix}3x+1\\3y+2\end{pmatrix}=\begin{pmatrix}1\\-4\end{pmatrix}, \begin{pmatrix}4\\-1\end{pmatrix}, \begin{pmatrix}-2\\2\end{pmatrix}$$

← $-2=3\cdot(-1)+1$ だから
　-2 を 3 で割った余りは 1.

$$\therefore\ \begin{pmatrix}x\\y\end{pmatrix}=\begin{pmatrix}0\\-2\end{pmatrix}, \begin{pmatrix}1\\-1\end{pmatrix}, \begin{pmatrix}-1\\0\end{pmatrix}$$

(3) $a^3-b^3=65$ から $(a-b)(a^2+ab+b^2)=5\cdot13$

$a^3-b^3=65>0$ より

$\qquad a^3>b^3 \qquad \therefore \quad a>b \qquad \therefore \quad a-b>0$

であるから

$$\binom{a-b}{a^2+ab+b^2}=\binom{1}{65},\ \binom{5}{13},\ \binom{13}{5},\ \binom{65}{1}$$

さらに

$\qquad a^2+ab+b^2=(a-b)^2+3ab$

$\qquad \Longleftrightarrow (a^2+ab+b^2)-(a-b)^2=3ab$

よって，a^2+ab+b^2 と $(a-b)^2$ の差が 3 の倍数である．つまり，a^2+ab+b^2 と $(a-b)^2$ は 3 で割った余りが等しい．このことに注意すると

$$\binom{a-b}{a^2+ab+b^2}=\binom{5}{13},\ \binom{65}{1}$$

ⅰ）$a-b=5$ の場合

$\quad a^2+ab+b^2=13$ とから b を消去すると

$\qquad a^2+a(a-5)+(a-5)^2=13$

$\qquad \Longleftrightarrow a^2-5a+4=0$

$\qquad \Longleftrightarrow (a-1)(a-4)=0$

$\qquad \Longleftrightarrow a=1,\ 4$

$\quad a-b=5$ なので $(a,\ b)=(1,\ -4),\ (4,\ -1)$

ⅱ）$a-b=65$ の場合

$\quad a^2+ab+b^2=1$ とから b を消去すると

$\qquad a^2+a(a-65)+(a-65)^2=1$

$\qquad \Longleftrightarrow a^2-65a+64\cdot22=0$

$\quad$ この 2 次方程式の判別式 D は

$\qquad D=65^2-4\cdot64\cdot22=4225-5632<0$

となるので，実数 a が存在しない．

以上から $\quad \boldsymbol{(a,\ b)=(1,\ -4),\ (4,\ -1)}$

◆ a^2+ab+b^2
$=\left(a+\dfrac{b}{2}\right)^2+\dfrac{3b^2}{4}\geqq0$
を使ってもよい．

◆ 4 パターンだけなので，全部
解いてもよい．

◆一般的に
$\qquad A-B=pq$
と
$\qquad A,\ B$ を p で割った
$\qquad$ 余りが等しい
は同値です！

◆ 定数項は
$\qquad 65^2-1=(65-1)(65+1)$
$\qquad\qquad\quad =64\cdot66$

◢ **演習問題 13**　→ 解答 p.197

$x,\ y$ を正の整数とする．

(1) $\dfrac{2}{x}+\dfrac{1}{y}=\dfrac{1}{4}$ を満たす組 $(x,\ y)$ をすべて求めよ．

(2) p を 3 以上の素数とする．$\dfrac{2}{x}+\dfrac{1}{y}=\dfrac{1}{p}$ を満たす組 $(x,\ y)$ のうち，

$2x+3y$ を最小にする $(x,\ y)$ を求めよ．

(名古屋大)

19　2次以上の不定方程式（分解型）(2)

(1)　45 を引いても 44 を足しても平方数となるような自然数を求めよ．ただ
し，平方数とはある自然数 n によって n^2 と表される数のことである．

（東京女子大）

(2)　$x^2+x-(a^2+5)=0$ を満たす自然数 a，x の組をすべて求めよ．

（京都教大）

(3)　$m^2=2^n+1$ を満たす自然数 m，n の組をすべて求めよ．

精 講　　18 と同じく $(\quad)(\quad)=$（整数）の形
が目標です．ただし，今回は左辺の因数
分解に
$$A^2-B^2=(A-B)(A+B)$$
を利用します．

　さらに(3)では，右辺が 2^n となってしまうので全部
のパターンを数え上げることは不可能です．そこで，
ひと工夫が必要になります．

　例えば，$xy=2^n$（x, y：自然数）なら
$$\binom{x}{y}=\binom{1}{2^n},\ \binom{2}{2^{n-1}},\ \binom{2^2}{2^{n-2}},\ \binom{2^3}{2^{n-3}},\ \cdots$$
となるので，これを
$$\binom{x}{y}=\binom{2^k}{2^{n-k}}\ (k=0,\ 1,\ 2,\ \cdots)$$
と表しておけばよいのです．

解 答

(1)　求める自然数を n とすると，条件から
$$n-45=m^2,\ n+44=l^2\ (l,\ m：自然数)$$
とおける．2 式から n を消去すれば
$$l^2-m^2=89\quad \therefore\quad (l-m)(l+m)=89$$

← 89 は素数です．

$l-m<l+m$ と $0<l+m$ であることに注意して
$$\binom{l-m}{l+m}=\binom{1}{89}\quad \therefore\quad \binom{l}{m}=\binom{45}{44}$$

← l, m の連立方程式を解きます．

したがって，求める自然数 n は
$$n=45^2-44=2025-44=\mathbf{1981}$$

(2) $x^2+x-(a^2+5)=0$ から

$$\left(x+\frac{1}{2}\right)^2-a^2=\frac{1}{4}+5$$

← A^2-B^2 の形に持ち込みたい
から，平方完成！

$$\Longleftrightarrow (2x+1)^2-(2a)^2=21$$

$$\Longleftrightarrow (2x+1-2a)(2x+1+2a)=3\cdot7$$

$2x+1-2a<2x+1+2a$ と $5\leqq2x+1+2a$ より

← a, x は自然数だから
$a\geqq1$, $x\geqq1$
∴　$2x+1+2a\geqq5$

$$\binom{2x+1-2a}{2x+1+2a}=\binom{1}{21},\ \binom{3}{7}$$

$$\therefore\quad\binom{\boldsymbol{a}}{\boldsymbol{x}}=\binom{\mathbf{5}}{\mathbf{5}},\ \binom{\mathbf{1}}{\mathbf{2}}$$

← a, x の連立方程式を解きます.

(3) $m^2=2^n+1$ から

$$m^2-1=2^n\qquad\therefore\quad(m-1)(m+1)=2^n$$

$0\leqq m-1<m+1$ に注意して

$$\binom{m-1}{m+1}=\binom{2^k}{2^{n-k}}$$

← $\binom{2^0}{2^n}$, $\binom{2^1}{2^{n-1}}$, $\binom{2^2}{2^{n-2}}$, $\cdots$

とおける．ただし，k は $0\leqq k<\dfrac{n}{2}$ を満たす整数.

このとき

$$(m+1)-(m-1)=2^{n-k}-2^k$$

$$\therefore\quad2=2^k(2^{n-2k}-1)$$

← 例えば
$2^5-2^2=2^2(2^3-1)$
とできます.

とでき，$2^{n-2k}-1$ は奇数だから

$$\binom{2^k}{2^{n-2k}-1}=\binom{2}{1}\qquad\therefore\quad\binom{k}{n-2k}=\binom{1}{1}$$

← $n-2\cdot1=1$ から $n=3$ です.

$$\therefore\quad\boldsymbol{m=3},\ \boldsymbol{n=3}$$

[補足⁺] (3)は次のように解いてもよいでしょう.

[別解] 2^n+1 が奇数だから $m=2k-1$ （k：自然数）とおけて，与式に代入すると

$$(2k-1)^2=2^n+1\qquad\therefore\quad k(k-1)=2^{n-2}$$

k, $k-1$ は偶奇が異なるが，右辺の素因数は 2 だけなので $k=2$ しかありえない.

このとき，$n-2=1$ から $\boldsymbol{n=3}$ で，また $\boldsymbol{m}=2k-1=\boldsymbol{3}$ である.

参考〉 今回は必要がなかったので解答の中では触れませんでしたが
$$A^2-B^2=(A-B)(A+B)$$
を使って因数を考えた場合，2つの因数 $A-B$，$A+B$ の和は
$$(A-B)+(A+B)=2A$$
となり，必ず偶数になります．よって

2つの因数 $A-B$，$A+B$ の偶奇は一致する

ということがいえます．

ex) A，B が自然数で，$(A-B)(A+B)=12=2^2\cdot3$ ならば
$$\binom{A-B}{A+B}=\binom{2}{6}$$

だけなのです．

$$\binom{A-B}{A+B}=\binom{1}{12},\ \binom{3}{4}$$

は偶奇が異なるから，ありえないのです．

◢ **演習問題 14** → 解答 p.198

(1) n が正の偶数のとき，2^n-1 は3の倍数であることを示せ．

(2) n を自然数とする．2^n+1 と 2^n-1 は互いに素であることを示せ．

(3) p，q を異なる素数とする．$2^{p-1}-1=pq^2$ を満たす p，q の組をすべて求めよ．

(九 大)

20　3変数の不定方程式（逆数型）(1)

> x, y, z は $x \leq y \leq z$ を満たす自然数で，次の関係式（＊）を満たす．
>
> $$\frac{1}{x} + \frac{1}{y} + \frac{1}{z} = 1 \quad \cdots\cdots (\ast)$$
>
> (1)　$x \leq 3$ であることを示せ．
>
> (2)　自然数 x, y, z の組をすべて求めよ．

精｜講　変数が2個までなら式変形を頑張れば何とかできる感じはありますが，3個になると急激に話が変わります．（＊）の分母を払って

$$xyz = xy + yz + zx$$

としても，因数分解できるわけでもなく困ってしまいます．そこで，変数が3個以上のときは

範囲の絞り込み（必要条件でおさえる）

という考え方が大切になります！

本問では，$1 \leq x \leq y \leq z$ から

$$1 = \frac{1}{x} + \frac{1}{y} + \frac{1}{z} \leq \frac{1}{x} + \frac{1}{x} + \frac{1}{x} = \frac{3}{x}$$

$$\therefore \quad x \leq 3$$

←分母を1番小さい文字 x に置き換えれば，式全体は大きくなります．

とする方法が有名なので，覚えておくべきでしょう．

しかし，これが万能というわけではないので，本書の読者にはもっと**数式に対する感覚**を磨いてほしいと思います．

例えば，$x = y = z = 100$ を（＊）の左辺に代入すると

$$\frac{1}{x} + \frac{1}{y} + \frac{1}{z} = \frac{1}{100} + \frac{1}{100} + \frac{1}{100} = \frac{3}{100}$$

←分母を大きくすればするほど式全体は小さくなります．

となり，1には全然届きません．これは極端な例でしたが，分数式では

分母が大きすぎると，右辺に届かない！

という感覚をもってください．

今回は(1)で3という値をいってくれているので必要ありませんが，ときには**実験**することで「x の値はどこまで大きくできるか」を調べます．そして，それより大きい値では等式が成立しないことを**背理法で示す**ことで，範囲を絞り込むのです．

←今回は「3より大きい x は**存在しない**」を示す！

解　答

(1) $x \geqq 4$ とすれば，$y \geqq 4$，$z \geqq 4$ なので

$$\frac{1}{x} + \frac{1}{y} + \frac{1}{z} \leqq \frac{1}{4} + \frac{1}{4} + \frac{1}{4} = \frac{3}{4}$$

← 分母を小さくすれば，式全体は大きくなります.

となり，(＊)に矛盾する.

　　よって $x < 4$ であり，x は自然数だから，

$x \leqq 3$ である.

← この結果はあくまでも**必要条件**です. つまり「**解があるとすれば 3 以下**」と主張しているだけで，解の存在を保証しているわけではありません.

(2) (1)から，$x = 1$, 2, 3 に限る.

　i) $x = 1$ のとき，$1 \leqq y \leqq z$ であり，(＊)から

$$1 + \frac{1}{y} + \frac{1}{z} = 1 \qquad \therefore \quad \frac{1}{y} + \frac{1}{z} = 0$$

　　左辺は正だから不適.

　ii) $x = 2$ のとき，$2 \leqq y \leqq z$ であり，(＊)から

$$\frac{1}{2} + \frac{1}{y} + \frac{1}{z} = 1 \Longleftrightarrow yz - 2y - 2z = 0$$

$$\Longleftrightarrow (y-2)(z-2) = 4$$

← **18** 参照

　　$0 \leqq y-2 \leqq z-2$ に注意して

$$\binom{y-2}{z-2} = \binom{1}{4}, \ \binom{2}{2}$$

$$\therefore \quad \binom{y}{z} = \binom{3}{6}, \ \binom{4}{4}$$

　iii) $x = 3$ のとき，$3 \leqq y \leqq z$ であり，(＊)から

$$\frac{1}{3} + \frac{1}{y} + \frac{1}{z} = 1 \Longleftrightarrow 2yz - 3y - 3z = 0$$

$$\Longleftrightarrow (2y-3)(2z-3) = 9$$

← **18** 参照

　　$3 \leqq 2y-3 \leqq 2z-3$ に注意して

$$\binom{2y-3}{2z-3} = \binom{3}{3} \qquad \therefore \quad \binom{y}{z} = \binom{3}{3}$$

以上から，求める自然数 x, y, z の組は

$$\begin{pmatrix} x \\ y \\ z \end{pmatrix} = \begin{pmatrix} 2 \\ 3 \\ 6 \end{pmatrix}, \ \begin{pmatrix} 2 \\ 4 \\ 4 \end{pmatrix}, \ \begin{pmatrix} 3 \\ 3 \\ 3 \end{pmatrix}$$

第1部

第3章

補足$^+$ (2)の ii) で $\dfrac{1}{2}+\dfrac{1}{y}+\dfrac{1}{z}=1$ となった後は，次のように解くこともできます.

$$\dfrac{1}{2}+\dfrac{1}{y}+\dfrac{1}{z}=1 \qquad \therefore \quad \dfrac{1}{y}+\dfrac{1}{z}=\dfrac{1}{2} \quad \cdots\cdots(**)$$

ここで $y \leqq z$ から

$$\dfrac{1}{2}=\dfrac{1}{y}+\dfrac{1}{z} \leqq \dfrac{1}{y}+\dfrac{1}{y}=\dfrac{2}{y} \qquad \therefore \quad y \leqq 4$$

$2 \leqq y$ とあわせて，自然数 y は $y=2$, 3, 4 で，（**）に順に代入すれば

$$y=2 \text{ のとき，不適}$$
$$y=3 \text{ のとき，} z=6$$
$$y=4 \text{ のとき，} z=4$$

となります.（精講で紹介した「有名な方法」です.）

iii) の場合も同様にできるので，確認してみてください.

◀ **演習問題 15** → 解答 p.198

(I) 自然数 x, y, z は $x \leqq y \leqq z$ であり，等式

$$\dfrac{1}{x}+\dfrac{2}{y}+\dfrac{3}{z}=2$$

を満たしている．自然数 x, y, z の組をすべて求めよ.

(II) 方程式

$$\dfrac{1}{x}+\dfrac{1}{2y}+\dfrac{1}{3z}=\dfrac{4}{3} \quad \cdots\cdots①$$

を満たす正の整数の組 (x, y, z) について考える.

(1) $x=1$ のとき，正の整数 y, z の組をすべて求めよ.

(2) x のとりうる値の範囲を求めよ.

(3) 方程式①を解け.

(早　大)

(III) $2 \leqq p < q < r$ を満たす整数 p, q, r の組で

$$\dfrac{1}{p}+\dfrac{1}{q}+\dfrac{1}{r} \geqq 1$$

となるものをすべて求めよ.

(群馬大)

21　3変数の不定方程式（逆数型）⑵

a, b, c を正の整数とするとき，等式

$$\left(1+\frac{1}{a}\right)\left(1+\frac{1}{b}\right)\left(1+\frac{1}{c}\right)=2 \quad \cdots\cdots(*)$$

について次の問いに答えよ．

(1) $c=1$ のとき，等式$(*)$を満たす正の整数 a, b は存在しないことを示せ．

(2) $c=2$ のとき，等式$(*)$を満たす正の整数 a と b の組で $a \geqq b$ を満たすものをすべて求めよ．

(3) 等式$(*)$を満たす正の整数の組 (a, b, c) で $a \geqq b \geqq c$ を満たすものをすべて求めよ．

(鳥取大)

精講　20 と同様に
分母が大きすぎると，右辺に届かない！
という感覚がわかりますか？　a, b, c に大きな値を代入すると，左辺はほとんど1ですね．2には届きません．

←例えば $1+\dfrac{1}{10000}$ はほとんど1ですね．

　さて，実験です．
　$a=b=c=3$ とすると

$$(左辺)=\left(1+\frac{1}{3}\right)^3=\frac{64}{27}>2$$

←2に届いた．

　$a=b=c=4$ とすると

$$(左辺)=\left(1+\frac{1}{4}\right)^3=\frac{125}{64}<2$$

←2に届かない．

というわけで，どうやら $c \geqq 4$ で不成立になりそうですから，(3)は背理法でスタートです．

解　答

(1) $c=1$ のとき，$(*)$から

$$\left(1+\frac{1}{a}\right)\left(1+\frac{1}{b}\right)\cdot 2=2$$

$$\therefore \quad \left(1+\frac{1}{a}\right)\left(1+\frac{1}{b}\right)=1$$

　　a, b は正なので，左辺は1より大きく，不適.
　　よって，(＊)を満たす正の整数 a, b は存在しない.

(2)　$c=2$ のとき，(＊)から
$$\left(1+\frac{1}{a}\right)\left(1+\frac{1}{b}\right)\cdot\frac{3}{2}=2$$
　　両辺に $2ab$ をかけて
$$3(a+1)(b+1)=4ab$$
$$\Longleftrightarrow ab-3a-3b-3=0$$
$$\Longleftrightarrow (a-3)(b-3)=12$$

← a, b は正の整数なので $2ab(>0)$ をかけても同値です.

　　a, b が $a\geqq b$ を満たす正の整数であることから $a-3\geqq b-3\geqq -2$ なので
$$\binom{a-3}{b-3}=\binom{12}{1},\ \binom{6}{2},\ \binom{4}{3}$$
$$\therefore\ \binom{a}{b}=\binom{15}{4},\ \binom{9}{5},\ \binom{7}{6}$$

(3)　$a\geqq b\geqq c\geqq 4$ とすると
$$\left(1+\frac{1}{a}\right)\left(1+\frac{1}{b}\right)\left(1+\frac{1}{c}\right)\leqq\left(1+\frac{1}{4}\right)^3=\frac{125}{64}$$
となり，(＊)に矛盾する. よって，$c\leqq 3$ である.

← $2=\dfrac{128}{64}>\dfrac{125}{64}$

　　$c=3$ のとき，(＊)から
$$\left(1+\frac{1}{a}\right)\left(1+\frac{1}{b}\right)\cdot\frac{4}{3}=2$$

　　両辺に $\dfrac{3}{2}ab$ をかけて
$$2(a+1)(b+1)=3ab$$
$$\Longleftrightarrow ab-2a-2b-2=0$$
$$\Longleftrightarrow (a-2)(b-2)=6$$

　　a, b が $a\geqq b\geqq 3$ を満たす整数であることから $a-2\geqq b-2\geqq 1$ なので
$$\binom{a-2}{b-2}=\binom{6}{1},\ \binom{3}{2}\qquad\therefore\ \binom{a}{b}=\binom{8}{3},\ \binom{5}{4}$$

(1)，(2)とあわせて，求める組は
$$\begin{pmatrix}a\\b\\c\end{pmatrix}=\begin{pmatrix}15\\4\\2\end{pmatrix},\ \begin{pmatrix}9\\5\\2\end{pmatrix},\ \begin{pmatrix}7\\6\\2\end{pmatrix},\ \begin{pmatrix}8\\3\\3\end{pmatrix},\ \begin{pmatrix}5\\4\\3\end{pmatrix}$$

補足⁺ 20で紹介した「有名な方法」を使うと次のようになります.

$a \geqq b \geqq c$ から

$$2 = \left(1 + \frac{1}{a}\right)\left(1 + \frac{1}{b}\right)\left(1 + \frac{1}{c}\right) \leqq \left(1 + \frac{1}{c}\right)^3 \qquad \therefore \quad \sqrt[3]{2} \leqq 1 + \frac{1}{c}$$

ここで, $\sqrt[3]{2}$ を小数で表した値を知っていれば, c の値の範囲がわかることになりますが, 普通は知らないですよね?(筆者も知りません.)

そこで, 分母を払って整理すれば

$$(\sqrt[3]{2} - 1)c \leqq 1 \iff c \leqq \frac{1}{\sqrt[3]{2} - 1}$$

となります. さて, この形での分母の有理化はできますか? 乗法公式の
$$(A - B)(A^2 + AB + B^2) = A^3 - B^3$$
を利用すればうまく $\sqrt[3]{}$ を外せるのです. したがって

$$c \leqq \frac{1}{\sqrt[3]{2} - 1} \cdot \frac{(\sqrt[3]{2})^2 + \sqrt[3]{2} + 1}{(\sqrt[3]{2})^2 + \sqrt[3]{2} + 1} = \frac{\sqrt[3]{4} + \sqrt[3]{2} + 1}{2 - 1} = \sqrt[3]{4} + \sqrt[3]{2} + 1$$

となり, $\sqrt[3]{4} < 2$, $\sqrt[3]{2} < 2$ なので

$$c \leqq \sqrt[3]{4} + \sqrt[3]{2} + 1 < 2 + 2 + 1 = 5$$

これで $c \leqq 4$ と絞り込むことができましたが, **解答**の方がスマートですね.

演習問題 16　→ 解答 p.200

(1)　自然数 x, y は, $1 < x < y$ および
$$\left(1 + \frac{1}{x}\right)\left(1 + \frac{1}{y}\right) = \frac{5}{3}$$
を満たす. x, y の組をすべて求めよ.

(2)　自然数 x, y, z は, $1 < x < y < z$ および
$$\left(1 + \frac{1}{x}\right)\left(1 + \frac{1}{y}\right)\left(1 + \frac{1}{z}\right) = \frac{12}{5}$$
を満たす. x, y, z の組をすべて求めよ.

(一橋大)

22 和と積の比較

n を正の整数とする．実数 x, y, z に対する方程式
$$x^n+y^n+z^n=xyz \quad \cdots\cdots①$$
を考える．

(1) $n=1$ のとき，①を満たす正の整数の組 (x, y, z) で，$x \le y \le z$ となるものをすべて求めよ．

(2) $n=3$ のとき，①を満たす正の実数の組 (x, y, z) は存在しないことを示せ．

(東　大)

精講 (1)では①が
$$x+y+z=xyz$$
となります．つまり**和と積の比較**です．ここでも，**数式に対する感覚**が重要です．例えば
$$10+10+10<10\cdot10\cdot10 \ (つまり \ 30<1000)$$
という不等式が成り立ちますね．

大雑把にいえば，正の実数では
和＜積
となることが多いのです．x, y, z が大きくなればなるほど，積の方が圧倒的に大きくなります．だから本問のように**和と積が等しくなるような自然数 x, y, z は比較的小さいところにしかない**のです．実験してみると右のようになるから，$x \ge 2$ で①は不成立になりそうですね．

← $1+1+1>1\cdot1\cdot1$
$2+2+2<2\cdot2\cdot2$
$3+3+3<3\cdot3\cdot3$

(2)は「実数」の問題なので，やはり(1)と同様に**数式に対する感覚**が重要です．$n=3$ のとき①は
$$x^3+y^3+z^3=xyz$$
となります．x, y, z の対称式なので
$x \le y \le z$ としても一般性は失われない
ことを利用しましょう．このとき，左辺の z^3 は最大の数 z だけを3つかけたもので，右辺は小さいものも含めた3数 x, y, z をかけたものだから，左辺の方が大きそうですね．この感覚が大切です．

← どの2文字を交換しても全体が変わらない式を**対称式**といいます．
このとき (x, y, z) が
$(1, 2, 3)$, $(3, 1, 2)$
のどちらであっても，各辺の値は等しくなりますね．だから $(1, 2, 3)$ だけ考えれば十分なのです．

解　答

(1)　$n=1$ のとき，①は $x+y+z=xyz$ となる.

　　$2\leqq x\leqq y\leqq z$ とすると

$$\begin{cases} x+y+z\leqq z+z+z=3z \\ xyz\geqq 2\cdot 2z=4z \end{cases}$$

　　であるから

$$x+y+z\leqq 3z<4z\leqq xyz$$

　　となり，①に矛盾する.

◀ $x+y+z$ の最大値でも xyz の最小値に届かないから等号は不成立なのです.

　　　したがって $x=1$ に限り，このとき①から

$$1+y+z=yz \qquad \therefore \quad (y-1)(z-1)=2$$

◀ 2変数のこの形はもう解けますね.

　　$0\leqq y-1\leqq z-1$ に注意して

$$\begin{pmatrix} y-1 \\ z-1 \end{pmatrix}=\begin{pmatrix} 1 \\ 2 \end{pmatrix} \qquad \therefore \quad \begin{pmatrix} x \\ y \\ z \end{pmatrix}=\begin{pmatrix} 1 \\ 2 \\ 3 \end{pmatrix}$$

(2)　$n=3$ のとき，①は $x^3+y^3+z^3=xyz$ となる.

　　ここで，$0<x\leqq y\leqq z$ としても一般性は失われないので

◀「一般性は失われない」とは「$y\leqq x\leqq z$ や $z\leqq x\leqq y$ などの他の場合の証明も同様に行えるから省略する」ということです.

$$xyz\leqq z^3<x^3+y^3+z^3$$

　　となり，①は不成立.

　　　したがって，①を満たす正の実数の組 $(x,\ y,\ z)$ は存在しない.

◀ **演習問題 17**　→ 解答 p.200

　　条件

$$xyz-3(x+y+z)=0 \quad \text{かつ} \quad x\geqq y\geqq z>0 \qquad \cdots\cdots①$$

を満たす整数の組 $(x,\ y,\ z)$ を求めたい. 以下の各問いに答えよ.

(1)　$xy-3(x+y+1)=0$ かつ $x\geqq y\geqq 1$ を満たす整数の組 $(x,\ y)$ をすべて求めよ.

(2)　$x\geqq y\geqq 4$ を満たす整数の組 $(x,\ y)$ に対して，$4xy-3(x+y+4)>0$ を証明せよ.

(3)　①を満たす整数の組 $(x,\ y,\ z)$ をすべて求めよ.

（成蹊大）

研究 一般性は失われない

前ページの**解答**の(2)で「**一般性は失われない**」という言葉を使いましたが，この意味とメリットが正しく理解できているでしょうか？ **22**(2)で，これを使わないと以下のような解答になります．

(2) $n=3$ のとき，①は $x^3+y^3+z^3=xyz$ となる.

ⅰ）正の実数 x, y, z の中で最大のものが z の場合
$$xyz \leqq z^3 < x^3+y^3+z^3$$
となり，①は不成立.

ⅱ）正の実数 x, y, z の中で最大のものが y の場合
$$xyz \leqq y^3 < x^3+y^3+z^3$$
となり，①は不成立.

ⅲ）正の実数 x, y, z の中で最大のものが x の場合
$$xyz \leqq x^3 < x^3+y^3+z^3$$
となり，①は不成立.

以上から，①を満たす正の実数の組 (x, y, z) は存在しない.　　　（証明終了）

結局「**同じ議論をくり返しているだけ**」なのがわかりますね．このくり返しを避けるために，前ページの解答では「**一般性は失われない**」として ⅰ）だけを書いているのです．その方が解答がスッキリしていることは明らかです．

しかし，「くり返しを避けること」を最初から目的としているわけではないのです．この問題では，x, y, z の大小関係に注目することで簡単に証明できる（他の方法でも証明できます.）から，$x \leqq y \leqq z$ という条件が欲しかったのです．そして，その条件をつけても大丈夫かと考えたときに「他の場合でも同様に証明できる」から「**一般性は失われない**」という手段を使おうという考えに至るのです．つまり

「一般性は失われない」は手段であって，目的ではない

ということです．このような正しい理解をせずに，例えば「3変数の不定方程式で使えるもの」なんて覚えていると…

> 方程式 $\dfrac{1}{x}+\dfrac{1}{2y}+\dfrac{1}{3z}=\dfrac{4}{3}$ を満たす正の整数の組 (x, y, z) をすべて求めよ.

$x \leqq y \leqq z$ とすると
$$\frac{4}{3}=\frac{1}{x}+\frac{1}{2y}+\frac{1}{3z} \leqq \frac{1}{x}+\frac{1}{2x}+\frac{1}{3x}=\frac{11}{6x} \qquad \therefore \quad x \leqq \frac{11}{8}$$
よって，適する正の整数 x は $x=1$ である．（以下略）

この解答はダメですよ．左辺が対称式ではないので，$x \leqq y \leqq z$ とすることで一般性が失われているのです．つまり，$y \leqq x \leqq z$ や $z \leqq y \leqq x$ となる他の解が存在するかもしれないのです．だから，この問題においてどうしても大小関係を使いたいなら，全部のパターン（$3! = 6$ 通り）を調べることになります．メンドウですね．この問題は ◀ **演習問題 15** なので，正しい解答は巻末の解答を見てください．

整数の話からはズレてしまいますが，次の問題はどうでしょう？

> 　Ａくんとｂくんがそれぞれ 1 から 4 までの数字が書かれた 4 枚のカードを持っていて，同時に 1 枚ずつ出すことを 4 回くり返す．ただし，一度出したカードを再び出すことはできないものとする．このとき，ちょうど 2 回だけ同じカードを出す確率を求めよ．

まともに考えると，2 人のカードの出し方は全部で $4! \cdot 4! = 576$（通り）になり多いですね．しかし，この問題では「どの数字か」が重要なのではなく「同じ数字か」が重要なので，**Ａくんは 1，2，3，4 の順に出したとしても一般性は失われずに正しい確率を求められるのです**．Ｂくんのカードの出し方（並べ方）は $4! = 24$（通り）ですから，これぐらいなら数え上げてもイイぐらいですが，計算すると

　　　Ａくんと同じ数字を並べる位置を 2 つ選ぶ　……　${}_4C_2 = 6$（通り）
　　　残りの 2 つは逆の順番に並べる　　　　　　……　1（通り）

よって，求める確率は $\dfrac{6 \cdot 1}{24} = \dfrac{1}{4}$ となります．

他にも，例えば図形の性質を座標計算を利用して証明するときに，**計算がうまくいくように座標平面においてあげる**のも「一般性は失われない」を利用した考え方です．

　結局のところ「一般性は失われない」は
　　　計算や論証がスマートになるように条件を付け足したりしたけれど
　　　問題の本質は何も変えていません！
という主張なのです．

うまく使えればメンドウな計算や無駄なくり返しを避けることができ，解答がスマートになるものだということがわかりましたね．しかし，安易なパターン暗記に頼って使おうとすると危険なものでもあります．使うタイミングを間違えないようにするためにも，正しい理解が大切です．この件に限らず，勉強はすべて，正しい理解をすることが大切なのです．

第 4 章 方程式・不等式の整数解

23 2次方程式の整数解 (1) (解と係数の関係)

m を実数とする．方程式

$$x^2 - 2mx - 4m + 1 = 0$$

が整数解をもつような整数 m の値をすべて求めると $m = \boxed{}$ である．

（山梨大・改）

精 講 2次方程式が整数解をもつ条件は，判別式を利用して求める方法があるのですがそれは次の **24** で解説するとして，ここでは先に特別な場合を解説します．それは，**解と係数の関係**を利用する方法です．

> 2次方程式 $ax^2 + bx + c = 0$ の解が α, β のとき
> $$\alpha + \beta = -\frac{b}{a}, \quad \alpha\beta = \frac{c}{a}$$

証明 方程式の両辺を a で割っても解は変わらず

$$x^2 + \frac{b}{a}x + \frac{c}{a} = (x - \alpha)(x - \beta)$$
$$= x^2 - (\alpha + \beta)x + \alpha\beta$$

とできる．係数を比べて

← 解をもつということは，因数分解できるということと同値です．

$$\alpha + \beta = -\frac{b}{a}, \quad \alpha\beta = \frac{c}{a}$$

（証明終了）

本問で，解を α, β とおいてこれを適用すれば

$$\alpha + \beta = 2m, \quad \alpha\beta = -4m + 1$$

となり，この2式から m を消去すれば

$$\alpha\beta = -2(\alpha + \beta) + 1 \quad \therefore \quad \alpha\beta + 2\alpha + 2\beta = 1$$

← この形なら解けそう！

とでき，見覚えのある形になりました．

しかし，注意点がひとつあります．それは，この不定方程式は α, β がともに整数でないと解けないとい

← **18** 参照

う事実です．問題文には「方程式が整数解をもつよう
な…」とありますが，これは「2つの解がともに整
数」という意味ではなく，「2つの解のうちの少なく
とも一方が整数」という意味です．**これをどう解消す
ればよいかに注目して下の解答を読んでください．**

解　答

解を α，β（$\alpha \leqq \beta$）とおくと，解と係数の関係から

$$\alpha + \beta = 2m, \quad \alpha\beta = -4m + 1$$

である．m が整数で，α，β の一方が整数のとき，
$\alpha + \beta = 2m$ から α，β の両方が整数である．

ここで，2式から m を消去すれば

$$\alpha\beta = -2(\alpha + \beta) + 1 \iff \alpha\beta + 2\alpha + 2\beta = 1$$
$$\iff (\alpha + 2)(\beta + 2) = 5$$

$$\therefore \quad \begin{pmatrix} \alpha + 2 \\ \beta + 2 \end{pmatrix} = \begin{pmatrix} -5 \\ -1 \end{pmatrix}, \ \begin{pmatrix} 1 \\ 5 \end{pmatrix}$$

$$\therefore \quad \begin{pmatrix} \alpha \\ \beta \end{pmatrix} = \begin{pmatrix} -7 \\ -3 \end{pmatrix}, \ \begin{pmatrix} -1 \\ 3 \end{pmatrix}$$

$m = \dfrac{\alpha + \beta}{2}$ だから，求める整数 m の値は

$$m = -5, \ 1$$

← α と β の大小を決めておいた
方があとでラクになります．

← 結局，α と β はともに整数に
なるのです．

補足⁺ この解法は，m を消去したときに**解ける形**になることが大切です．つま
り，$\alpha + \beta$，$\alpha\beta$ がともに m の **1次式**でないと使いにくい解法なので注意が必要で
す．

第
4
章

◢ **演習問題 18**　→ 解答 p.201

2次方程式 $x^2 - kx + 4k = 0$（ただし，k は整数）が2つの整数解をもつとす
る．整数 k の最小値を m とするとき，$|m|$ の値を求めよ． 　　　　　（自治医大）

24 2次方程式の整数解⑵（判別式）

以下の問いに答えよ．

⑴ k を整数とするとき，x の方程式 $x^2-k^2=12$ が整数解をもつような k の値をすべて求めよ．

⑵ x の方程式 $(2a-1)x^2+(3a+2)x+a+2=0$ が少なくとも1つ整数解をもつような整数 a の値とそのときの整数解をすべて求めよ．

（熊本大）

精｜講　⑴は，x を整数として左辺の因数分解が見えますね．

⑵で，**23** と同様に解と係数の関係を使うと

$$\alpha+\beta=-\frac{3a+2}{2a-1},\quad \alpha\beta=\frac{a+2}{2a-1}$$

← a を簡単には消去できません．

となりうまくいきません．そこで，本問は別の方法をとります．

一般的に，2次方程式 $ax^2+bx+c=0$ の解は

$$x=\frac{-b\pm\sqrt{D}}{2a}\quad （ただし，D=b^2-4ac）$$

← この D を**判別式**といいます．

と表せますね．a，b，c が整数のとき，この x が整数になるには，とりあえず $\sqrt{}$ がなくなることが最低でも必要です．つまり，

　　2次方程式が整数解をもつためには，判別式 D が
　　$$D=n^2\ (n=0,\ 1,\ 2,\ \cdots)$$
　　とできることが必要である

ということです．

← $\sqrt{}$ が外せるのは，中身が**(整数)²** になっているときですね．

「必要」という言葉を使ったのには理由があります．解の $\sqrt{}$ が外れたとしても，まだ**分母が残る可能性**があるので，**解が整数になるかどうか確認しなければいけません**．

← 「必要」だけど，「十分」とはいえない．（**2**参照）

解　答

⑴ $x^2-k^2=12$ から

$$(x-k)(x+k)=12$$

x が整数のとき，$x-k$ と $x+k$ はともに整数で

$$(x-k)+(x+k)=2x：偶数$$

だから, $x-k$ と $x+k$ の偶奇は一致する.

よって

$$\begin{pmatrix} x-k \\ x+k \end{pmatrix}=\begin{pmatrix} 2 \\ 6 \end{pmatrix},\ \begin{pmatrix} 6 \\ 2 \end{pmatrix},\ \begin{pmatrix} -2 \\ -6 \end{pmatrix},\ \begin{pmatrix} -6 \\ -2 \end{pmatrix}$$

$$\therefore\ \begin{pmatrix} x \\ k \end{pmatrix}=\begin{pmatrix} 4 \\ 2 \end{pmatrix},\ \begin{pmatrix} 4 \\ -2 \end{pmatrix},\ \begin{pmatrix} -4 \\ -2 \end{pmatrix},\ \begin{pmatrix} -4 \\ 2 \end{pmatrix}$$

したがって, 求める k の値は $k=\pm2$ である.

← **19** 参考 を参照

← $x,\ k$ の連立方程式を解きます.

(2)　a は整数だから $2a-1\neq0$ であり, 与方程式は
2 次方程式である. 判別式を D とすれば

$$D=(3a+2)^2-4(2a-1)(a+2)=a^2+12$$

整数解をもつためには

$$D=n^2\ (n=0,\ 1,\ 2,\ \cdots)$$

とできることが必要である. このとき

$$a^2+12=n^2\ \ \therefore\ \ n^2-a^2=12$$

(1)から, これを満たす a の値は $a=\pm2$ である.

ⅰ) $a=2$ のとき

$$3x^2+8x+4=0 \iff (3x+2)(x+2)=0$$

$$\iff x=-\frac{2}{3},\ -2$$

ⅱ) $a=-2$ のとき

$$-5x^2-4x=0 \iff x(5x+4)=0$$

$$\iff x=0,\ -\frac{4}{5}$$

以上から, 求める a の値と整数解 x の組は

$$\begin{pmatrix} a \\ x \end{pmatrix}=\begin{pmatrix} 2 \\ -2 \end{pmatrix},\ \begin{pmatrix} -2 \\ 0 \end{pmatrix}$$

← ただ「方程式」と書いてある
から, 何次方程式か確認する
必要があります.

← (1)とのつながりに気づけまし
たか？

← このように, $\sqrt{\ }$ が外れても
分母が残る可能性はあるので,
ちゃんと解 x を求めて確認す
るのです.

補足 本問は $D=a^2+\cdots$ となったので, $n^2=a^2+\cdots$ として(必要があれば右
辺を平方完成して) $A^2-B^2=(A-B)(A+B)$ の因数分解に持ち込んだわけで
すが, もし, $D=-a^2+\cdots$ となっていたら実数解をもつ条件 $D\geqq0$ から a の範
囲を絞り込めます.

◢ **演習問題 19** → 解答 p.201

$n^2+mn-2m^2-7n-2m+25=0$ について, 次の問いに答えよ.

(1)　n を m を用いて表せ.

(2)　$m,\ n$ は自然数とする. $m,\ n$ を求めよ.

(旭川医大)

25 3次方程式の整数解 (1)

3次関数 $f(x)=x^3-3x^2-4x+k$ について，次の問いに答えよ．ただし，k は定数とする．

(1) $f(x)$ が極値をとるときの x の値を求めよ．

(2) 方程式 $f(x)=0$ が異なる3つの整数解をもつとき，k の値およびその整数解を求めよ．

（横浜国大）

精講 整数問題に限らず，**方程式の実数解はグラフの交点に対応する**ことを利用するのが定石です．

そのとき，例えば $x^2-2x-3=0$ の実数解は
$$\begin{cases} y=x^2-2x-3 \\ y=0 \ (x 軸) \end{cases} \text{の交点}$$
と考えてもよいし

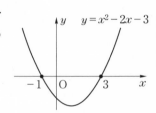

$$\begin{cases} y=x^2 \\ y=2x+3 \end{cases} \text{の交点}$$
と考えてもよいわけです．というのは，どちらの場合でも y を消去すれば結局同じ方程式になるからです．つまり，**連立した結果が同じ方程式でさえあれば，2つのグラフへの分け方は自由なのです**．

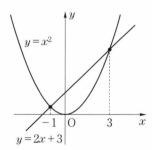

本問は，方程式 $f(x)=0$ の整数解を考えるので
$$\begin{cases} y=f(x) \\ y=0 \ (x 軸) \end{cases} \text{の交点の } x \text{ 座標が整数}$$
としてもよいのですが，$f(x)=0$ を
$$x^3-3x^2-4x+k=0$$
$$\Longleftrightarrow k=-x^3+3x^2+4x$$
と変形することで

←定数 k を残して，他の部分をすべて反対側に移します．

$$\begin{cases} y=k \\ y=-x^3+3x^2+4x \end{cases} \text{の交点の } x \text{ 座標が整数}$$
と考えることができます．この方が，**3次関数のグラフを固定して，定数 k のグラフ（x 軸に平行な直線）を動かす**ことになるから視覚的にわかりやすいのです！

←この分け方を**定数分離**といいます．

解　答

(1)　$f'(x)=3x^2-6x-4$ なので $f'(x)=0$ とすると
$$x=\frac{3\pm\sqrt{21}}{3}$$
であり，この前後で $f'(x)$ の符号が変化するので，確かに極値をとる.

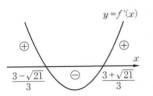

(2)　$f(x)=0$ から
$$x^3-3x^2-4x+k=0$$
$$\therefore\quad k=-x^3+3x^2+4x$$

←定数分離

よって，$f(x)=0$ の実数解は $y=k$ と
$y=g(x)=-x^3+3x^2+4x$ の交点に対応する.
$$\alpha=\frac{3-\sqrt{21}}{3},\quad\beta=\frac{3+\sqrt{21}}{3}$$
とおいて，$g'(x)=-f'(x)$ から増減表は次の通り.

x	$\cdots$	α	$\cdots$	β	$\cdots$
$g'(x)$	$-$	0	$+$	0	$-$
$g(x)$	$\searrow$		$\nearrow$		$\searrow$

　$g(x)=-x(x+1)(x-4)$ と因数分解できることとあわせて，$y=g(x)$ のグラフは右のようになる.

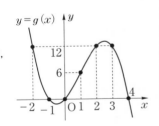

　したがって，$y=k$ と $y=g(x)$ の交点が3個で，その x 座標がすべて整数になるのは
$$k=0,\ 12$$
のときで，そのときの整数解 x は
$$\begin{cases}k=0\ \text{のとき}\quad x=-1,\ 0,\ 4\\ k=12\ \text{のとき}\quad x=-2,\ 2,\ 3\end{cases}$$

演習問題 20　→ 解答 p.202

　k は整数であり，3次方程式 $x^3-13x+k=0$ は3つの異なる整数解をもつ.
k とこれらの整数解をすべて求めよ.

（一橋大）

26　3次方程式の整数解 (2)

n を自然数とする．3次方程式 $2x^3-25x^2+(5n+2)x-35=0$ について，次の各問いに答えよ．

(1)　方程式の1つの解が自然数であるとき，n の値を求めよ．

(2)　(1)で求めた n に対して，方程式の解をすべて求めよ．

（茨城大）

精講　本問は **25** のようには定数分離ができませんね．そこで，改めて3次方程式の解法を思い出してみましょう．例えば

$$x^3-2x^2-9x+18=0$$

という方程式を解けといわれたらどうしますか？　まずは解の1つを探すのでしたね．つまり，代入して成立するものを探せばよいのですが，そのときに例えば $x=5$ はありえますか？　もし，$x=5$ が解の1つなら

$$(x-5)(x-\alpha)(x-\beta)=0$$

と因数分解されることになりますが，これを展開すると定数項が5の倍数になり，18になりえないのです．

　したがって，この例なら18の約数（負も含む）だけを調べれば十分です．

←実際に解くと
$(x+3)(x-2)(x-3)=0$
∴　$x=2,\ \pm3$

　本問でも，上記のような感覚が大切です．方程式の**定数項が −35 だから，自然数解をもつとしたら35の約数**だけです．**解答**では一応そのことを論証しておきましたが，筆者の感覚としては理由を後付けしただけです．そして，35の正の約数は 1，5，7，35 の4つだけですから，あとは確認すればよいのです．

━━━━━　解　答　━━━━━

(1)　自然数解を m とおいて

$$2m^3-25m^2+(5n+2)m-35=0$$

$$\therefore\quad m(2m^2-25m+5n+2)=35\quad\cdots\cdots①$$

　よって，m は35の約数だから

$$m=1, 5, 7, 35$$

に限る．それぞれ①に代入して n を求めると

$m=1$ のとき

$$2-25+5n+2=35 \qquad \therefore \quad n=\frac{56}{5}$$

← 左辺が 5 の倍数でないから，それを理由に不適としてもよい．

$m=5$ のとき

$$50-125+5n+2=7 \qquad \therefore \quad n=16$$

$m=7$ のとき

$$98-175+5n+2=5 \qquad \therefore \quad n=16$$

$m=35$ のとき

$$2450-875+5n+2=1 \qquad \therefore \quad n=-\frac{1576}{5}$$

← 左辺が 1 より大きいことは明らかなので，それを理由に不適としてもよい．

n は自然数だから，**$n=16$** である．

(2)　(1)から，$n=16$ のとき $x=5, 7$ を解にもつことがわかり，x^3 の係数が 2 であることと定数項が 35 であることに注目すれば，与方程式は

$$(x-5)(x-7)(2x-1)=0$$

とできる．よって，求める解は

$$x=\mathbf{5}, \ \mathbf{7}, \ \frac{\mathbf{1}}{\mathbf{2}}$$

← すでに 2 解がわかっているので，残りの解を α とでもおいて**解と係数の関係**を用いてもよい．

[補足]⁺　強引に定数を分離して

$$5n+2=\frac{-2x^3+25x^2+35}{x}$$

$$=-2x^2+25x+\frac{35}{x}$$

とするのも実は有効です．この右辺のグラフは数学Ⅲの内容ですが，「自然数解 x があるとすれば 35 の約数である」ということは読み取れます．

◀ **演習問題 21**　→ 解答 p.202

　3 次方程式 $x^3-(p-3)x^2-3x+p-1=0$ の 3 つの解がすべて整数となるような実数 p の値を求めよ．

（東北大）

27　2次不等式の整数解

整数 m に対し，$f(x)=x^2-mx+\dfrac{m}{4}-1$ とおく．次の問いに答えよ．

(1)　方程式 $f(x)=0$ が，整数の解を少なくとも1つもつような m の値を求めよ．

(2)　不等式 $f(x)\leqq0$ を満たす整数 x が，ちょうど4個あるような m の値を求めよ．

(秋田大)

精講　(1)は **23** と同様です．(2)は2次関数 $f(x)$ のグラフを考えて，右図の**太線部に存在する整数 x がちょうど4個**という意味です．このとき
解の幅：$\beta-\alpha$
に注目して，必要条件からおさえるのが定石です．

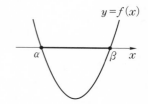

本問では，α から β の間に存在する整数が4個だから，解の幅：$\beta-\alpha$ は最も狭くて3で，どんなに広くても5未満になります．

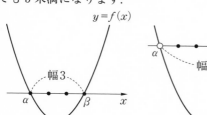
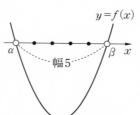

しかし，これはあくまでも必要条件であることに注意してください．というのは，例えば $\beta-\alpha=3$ のとき，上図のように整数 x がちょうど4個入るように並ぶかもしれませんが，右図のようになってしまうかもしれません．したがって，**解の幅に注目して m の値を絞り込んだ後に，本当に整数 x が4個存在するか確かめる**のが一般的です．

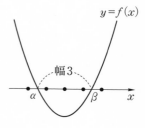

ただ，本問はさらに放物線 $y=f(x)$ の軸の位置を考えることで，あとで確認するわずらわしさがなくなります．$f(x)$ を平方完成すると

$$f(x) = \left(x - \frac{m}{2}\right)^2 - \frac{m^2}{4} + \frac{m}{4} - 1$$

なので，軸は $x = \dfrac{m}{2}$ となります．整数 m を 2 で割っているので，m の偶奇に注目してみましょう．

ⅰ）m が偶数の場合

　　$m = 2k$（k：整数）とおけて，軸が $x = k$ であり，放物線は軸に関して対称だから下図のようになります．よって，α から β の間にある整数 x は必ず奇数個になりますね．

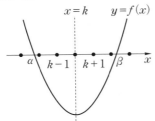

ⅱ）m が奇数の場合

　　$m = 2k + 1$（k：整数）とおけて，軸が $x = k + \dfrac{1}{2}$

であり，放物線は軸に関して対称だから下図のようになります．よって，α から β の間にある整数 x は必ず偶数個になりますね．

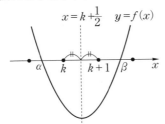

　以上から，本問(2)は

　　　　$3 \leqq \beta - \alpha < 5$ を満たす奇数 m

を求めればよいことになります．

　典型問題に対して汎用性のある解法を覚え，実行する計算力をつけることが第一に大切です．しかし，より高いレベルを目指すなら，**その問題の『うまく作ら**

れている独自性』に目が届くかどうかが重要になって
くるのです！

← 今回は「$3\leqq\beta-\alpha<5$」が汎
用性，「m が奇数」が独自性
になります．

解 答

(1) 解を α，β（$\alpha\leqq\beta$）とおくと，解と係数の関係か
ら

$$\alpha+\beta=m, \quad \alpha\beta=\frac{m}{4}-1$$

である．m が整数で，α，β の一方が整数のとき，
$\alpha+\beta=m$ から α，β の両方が整数である．

ここで，2式から m を消去すれば

$$\alpha\beta=\frac{\alpha+\beta}{4}-1 \iff \left(\alpha-\frac{1}{4}\right)\left(\beta-\frac{1}{4}\right)=-\frac{15}{16}$$
$$\iff (4\alpha-1)(4\beta-1)=-15$$

$4\alpha-1\leqq4\beta-1$ であることと，$4\alpha-1$ と $4\beta-1$
を4で割った余りがともに3であることに注意して

←$4\alpha-1=4(\alpha-1)+3$

$$\begin{pmatrix}4\alpha-1\\4\beta-1\end{pmatrix}=\begin{pmatrix}-5\\3\end{pmatrix}, \begin{pmatrix}-1\\15\end{pmatrix}$$
$$\therefore \begin{pmatrix}\alpha\\\beta\end{pmatrix}=\begin{pmatrix}-1\\1\end{pmatrix}, \begin{pmatrix}0\\4\end{pmatrix}$$

$\alpha+\beta=m$ なので

$$\boldsymbol{m=0, \ 4}$$

(2) m が偶数なら，$f(x)$ の軸 $x=\dfrac{m}{2}$ が整数になる
から $f(x)\leqq0$ を満たす整数は奇数個になる．

よって，$f(x)\leqq0$ を満たす整数 x がちょうど4
個になるのは，m が奇数で

$$3\leqq\beta-\alpha<5$$

を満たすときである．

(1)から

$$(\beta-\alpha)^2=(\alpha+\beta)^2-4\alpha\beta$$
$$=m^2-m+4$$

なので，$3\leqq\beta-\alpha<5$ のとき

$$9\leqq m^2-m+4<25 \quad \therefore \quad 5\leqq m(m-1)<21$$

(1)で $\alpha+\beta$，$\alpha\beta$ を表してある
← のでこのようにしましたが，
$f(x)=0$ を実際に解いて
$$\alpha=\frac{m-\sqrt{D}}{2}$$
$$\beta=\frac{m+\sqrt{D}}{2}$$
$$\therefore \quad \beta-\alpha=\sqrt{D}$$
としてもよいでしょう．

$y=m(m-1)$ のグラフは次の通り.

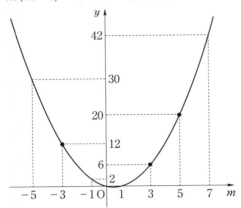

←もちろん
$$\begin{cases} 5\leqq m(m-1) \\ m(m-1)<21 \end{cases}$$
を解いてもよいのですが，少しメンドウな値が出てしまいます．求めるものは奇数 m だから，グラフを見て調べた方が速いのです．

したがって，$5\leqq m(m-1)<21$ を満たす奇数 m は

$$m=-3,\ 3,\ 5$$

補足⁺　(1)は直接 α, β を求めているので問題ないと思いますが，(2)ではそもそも $y=f(x)$ のグラフが x 軸と交わること(つまり，実数 α, β が存在すること)が保証されていないように見えるかもしれません．そこで，判別式 D を調べてみると

$$D=m^2-4\left(\frac{m}{4}-1\right)=m^2-m+4$$

であるから，$9\leqq m^2-m+4<25$ のとき $D>0$ となり，$3\leqq\beta-\alpha<5$ という条件によって確かに実数 α, β の存在が保証されているのです．

◀ **演習問題 22**　→ 解答 p.202

　k を正の整数とする．$5n^2-2kn+1<0$ を満たす整数 n が，ちょうど1個であるような k をすべて求めよ．

(一橋大)

第 **5** 章　記数法

28　**n 進法**

（1）　2 進法で表された数 $110101_{(2)}$，3 進法で表された数 $201001_{(3)}$ をそれぞれ 10 進法で表せ.

（2）　10 進法で表された数 1234 を 2 進法で表すと $\boxed{}$ であり，3 進法で表すと $\boxed{}$ である.

精講　私たちが普段使っている数の表し方は，10 を位取りの基準にした **10 進法** と呼ばれる数の表し方です.

←10 になると位がひとつ上がるということです.

　　　ex）$3157 = 3 \cdot 10^3 + 1 \cdot 10^2 + 5 \cdot 10^1 + 7 \cdot 1$

　これを一般に拡張して，**n を位取りの基準**にした数の表し方を **n 進法**といいます. このとき誤解のないように数の右下に小さく (n) と表記します.

←10 進法のときは (10) を省いています.

　例えば 2 進法の世界では，2 になると位がひとつ上がるので使える数字は 0 と 1 だけになります. 10 進法と 2 進法は次のように対応します.

←コンピューターは，電流が
　流れていない…0
　流れている……1
という 2 進法の世界ですべてを処理しているのです.

10 進法	1	2	3	4	5	6	7	8	9	10
2 進法	1	10	11	100	101	110	111	1000	1001	1010

　桁数が増えたタイミングに注目してください. 最初は 2，次が 4，その次は 8 ですね. 結局のところ，2 進法で表された数は各位が 2^k の位になっているのです. 例えば $11001_{(2)}$ は

2^4 の位	2^3 の位	2^2 の位	2^1 の位	1 の位
1	1	0	0	1

だから，10 進法に直すと

　　　$1 \cdot 2^4 + 1 \cdot 2^3 + 0 \cdot 2^2 + 0 \cdot 2^1 + 1 \cdot 1 = 25$

となります.

　10 進法から 2 進法に直すときも，上記のことを逆に考えればよいのです. 例えば 89 を 2 進法に直すことを考えてみましょう. まず 89 にできるだけ近い（でも超えない）2^k を考えると　$2^6 = 64$ で

$$89=64+25$$

となります．次に 25 にも同様に考えると，$2^4=16$ で

$$89=64+16+9$$

となります．さらに続けて

$$89=64+16+8+1$$

とできるから，64，16，8，1 の位に 1 と書いて，他
の位に 0 と書けばよいのです．

← 2 進法の世界では
　　1＝ある
　　0＝ない
　　ということなのです．

$2^6=64$	$2^5=32$	$2^4=16$	$2^3=8$	$2^2=4$	$2^1=2$	1
1	0	1	1	0	0	1

つまり，$89=1011001_{(2)}$ となります．

　3 進法になると使える数字が 0，1，2 の 3 種類にな
るから，もう少し複雑ですが理屈は一緒です．
　例えば 10 進法の 64 を 3 進法に直すときは

$$64=2\cdot27+1\cdot9+1$$

だから

← 3 進法の世界では
　　2＝2 個ある
　　1＝1 個ある
　　0＝ない
　　ということなのです．

$3^3=27$	$3^2=9$	$3^1=3$	1
2	1	0	1

つまり，$64=2101_{(3)}$ となります．

解　答

(1)　$110101_{(2)}=1\cdot2^5+1\cdot2^4+0\cdot2^3+1\cdot2^2+0\cdot2^1+1\cdot1$
　　　　　　$=\mathbf{53}$

　　　$201001_{(3)}=2\cdot3^5+0\cdot3^4+1\cdot3^3+0\cdot3^2+0\cdot3^1+1\cdot1$
　　　　　　$=\mathbf{514}$

(2)　$1234=1024+128+64+16+2=\mathbf{10011010010_{(2)}}$
　　　$1234=729+2\cdot243+2\cdot9+1=\mathbf{1200201_{(3)}}$

◀ **演習問題 23**　→ 解答 p.203

(1)　$11110111100_{(2)}$，$2201100_{(3)}$ をそれぞれ 10 進法で表せ．

(2)　10 進法で表された 2016 を 2 進法と 3 進法でそれぞれ表せ．

29　2進法での四則演算

次の各計算の結果を2進法で表せ.

(1)　$1101_{(2)} + 10101_{(2)}$　　　　(2)　$10110_{(2)} - 1101_{(2)}$

(3)　$11011_{(2)} \times 101_{(2)}$　　　　(4)　$10101_{(2)} \div 111_{(2)}$

精 講　すべて10進法に直してから計算する方が人間にとっては安全だと思いますが,
あえて2進法のままチャレンジしてみましょう. 基本は次の3つです.

①　$0_{(2)} + 0_{(2)} = 0_{(2)}$
②　$0_{(2)} + 1_{(2)} = 1_{(2)}$
③　$1_{(2)} + 1_{(2)} = 10_{(2)}$

小学生のとき, まだ数の感覚に慣れていないころは,
簡単な足し算でも筆算で行いましたね. あの頃の気持ちを思い出しながら頑張りましょう. ただし
**　　　2になったら位がひとつ上がる**
を忘れずに.

←コンピューターにとっては, 0〜9の10種類の数字による計算より, 0と1だけの2進法の方が記憶する量が少なくてよいのです.

←①, ②は10進法と何も変わりません. ③は $1+1=2$ を2進法に書き直しているだけです.

解　答

(1)　筆算で書くと

$$
\begin{array}{r}
1101 \\
+)\ 10101 \\
\hline
100010
\end{array}
$$

よって, 求める和は $\mathbf{100010_{(2)}}$

←例えば1の位で, $1+1=10$ と, くり上がりが発生しています.

(2)　筆算で書くと

$$
\begin{array}{r}
10110 \\
-)\ 1101 \\
\hline
1001
\end{array}
$$

よって, 求める差は $\mathbf{1001_{(2)}}$

←1の位はそのままでは引けないので, 隣の1を借りて
$10-1=1$ （③の変形）
としています.

(3)　筆算で書くと

$$
\begin{array}{r}
11011 \\
\times)101 \\
\hline
11011 \\
11011 \\
\hline
10000111
\end{array}
$$

よって，求める積は **10000111**$_{(2)}$

← 1 倍はそのままで，0 倍は 0 になるから実は簡単です．あとは足し算だけです．

(4)　筆算で書くと

$$
\begin{array}{r}
11 \\
111)\overline{10101} \\
\underline{111} \\
111 \\
\underline{111} \\
0
\end{array}
$$

よって，求める商は **11**$_{(2)}$

← やはり割り算は少し難易度が高くなりますね．小学生の頃の気持ちがよみがえりませんか？

補足$^+$　それぞれ 10 進法で表すと

(1)　$13+21=34$　　(2)　$22-13=9$　　(3)　$27\times5=135$　　(4)　$21\div7=3$

となっています．

◀ **演習問題 24**　　→ 解答 p.203

次の各計算の結果を 2 進法で表せ．

(1)　$10010_{(2)}+10110_{(2)}$

(2)　$110100_{(2)}-10001_{(2)}$

(3)　$11011_{(2)}\times111_{(2)}$

(4)　$111110100_{(2)}\div1010_{(2)}$

30 各位の数字の並べ替え

7進法で表すと3桁となる正の整数がある。これを11進法で表すと、やはり3桁で、数字の順序がもととちょうど反対となる。このような整数を10進法で表せ。

（神戸大）

精講 例えば、10進法での有名な事実「自然数 N において、各位の数字の和が3の倍数であることと、N が3の倍数であることは同値である」を証明せよといわれたらどうしますか？ 一般的な n 桁の場合はタイヘンなので、3桁にでもしておきましょう。

← この事実はぜひ覚えておきましょう。

このとき「100の位の数字を a、10の位の数字を b、1の位の数字を c とおく」と考えるのは自然な発想ですね。すると

← 「各位の数字の和」に注目したいからです。

$$N = 100a + 10b + c$$
$$= 99a + 9b + (a+b+c)$$
$$= 3(33a + 3b) + (a+b+c)$$

と変形できることから

$$a+b+c が3の倍数 \iff N が3の倍数$$

が示されます。

本問でも発想は同じです。まず各位の数字を文字でおけば、題意は、下の2つの数を10進法で表したときに同じ数になるということです。

7^2 の位	7の位	1の位
a	b	c

11^2 の位	11の位	1の位
c	b	a

← わからない数を文字でおくのが基本です。

それぞれ10進法に直せば

$$a \cdot 7^2 + b \cdot 7 + c, \quad c \cdot 11^2 + b \cdot 11 + a$$

となり、これらが等しいと立式することで3文字の不定方程式が1本得られます。

ただし、7進法で使える数字は0〜6の7種類、11進法で使える数字は0〜9と10に対応する文字の11種類であることに注意しましょう。したがって、この場合、a, b, c は0〜6しか当てはまりません。さら

← 3文字の不定方程式は、範囲を絞り込むことが大切でしたが、今回は最初から0〜6に絞れているのです。

に，最上位の数字が 0 だと「3 桁」にならないので，
a と c は 0 でないことが分かります.

解　答

　求める整数 N を $abc_{(7)}$ と表記すれば，題意から
$$N=abc_{(7)}=cba_{(11)}$$
であるので
$$a\cdot 7^2+b\cdot 7+c=c\cdot 11^2+b\cdot 11+a$$
$$\Longleftrightarrow 48a=4b+120c$$
$$\Longleftrightarrow 12a=b+30c \quad\cdots\cdots①$$
　ただし，a と c は 1 以上 6 以下の整数で，b は 0 以
上 6 以下の整数である.

　①は $b=6(2a-5c)$ とできるから，b は 6 の倍数
である. よって，$b=0$, 6 に限る.

◀ 見えている数字 12 と 30 をう
まく利用する！

　ⅰ）$b=0$ の場合
$$①：12a=30c \qquad \therefore \quad 2a=5c$$
　　　1 以上 6 以下の整数 a, c でこれを満たすのは
$$a=5, \quad c=2$$

◀ a, c はそれぞれ 6 通りずつ
しかないのだから，順に調べ
ていけばよいのです.

　ⅱ）$b=6$ の場合
$$①：12a=6+30c \qquad \therefore \quad 2a=1+5c$$
　　　1 以上 6 以下の整数 a, c でこれを満たすのは
$$a=3, \quad c=1$$
以上から，求める整数 N を 10 進法で表すと
$$N=5\cdot 7^2+0\cdot 7+2, \ 3\cdot 7^2+6\cdot 7+1$$
$$=\mathbf{247}, \ \mathbf{190}$$

◀ $N=2\cdot 11^2+0\cdot 11+5,$
　　　$1\cdot 11^2+6\cdot 11+3$
　　$=247, \ 190$
としてもよいです.

◢ 演習問題 25　→ 解答 p.204

(1)　ある自然数 m を 8 進法で表すと 2525 になる. m の 2 倍を 8 進法で表せ.

(2)　ある自然数とその 2 倍の数をそれぞれ 8 進法で表したとき，ともに 4 桁で，
数字の並び方は逆になっているという. このような自然数をすべて求め，それ
らを 8 進法で表せ.

（愛媛大）

第 6 章 種々の問題

31 ガウス記号(1)

実数 x に対して $k \leqq x < k+1$ を満たす整数 k を $[x]$ で表す．たとえば，$\left[\dfrac{5}{2}\right]=2$, $[2]=2$, $[-2.1]=-3$ である．

(1) $n^2-5n+5<0$ を満たす整数 n をすべて求めよ．

(2) $[x]^2-5[x]+5<0$ を満たす実数 x の範囲を求めよ．

(3) x は(2)で求めた範囲にあるものとする．$x^2-5[x]+5=0$ を満たす x をすべて求めよ．

(北海道大)

精 講 問題文にもある通り，$k \leqq x < k+1$ を満たす整数 k を $[x]$ と書き，この記号をガウス記号といいます．数直線上でイメージすると

この辺りの x に対して…

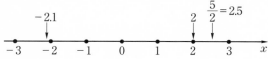

この整数 k

ということになります．だから，$[x]$ というのは数直線上ですぐ左側にある整数を表す記号であるといえます．

◀ x が整数のときは
$[x]=x$
です．

問題文で与えられている例を確認してみると

$$\frac{5}{2}=2.5$$

$$-2.1 \qquad 2$$

$$\overset{\bullet}{-3} \quad \overset{\downarrow}{-2} \quad \overset{\bullet}{-1} \quad \overset{\bullet}{0} \quad \overset{\bullet}{1} \quad \overset{\downarrow}{2} \quad \overset{\downarrow}{3} \quad x$$

となります．

結局のところ

$[x]=(x$ の整数部分$)$

ということです．（負の数の場合，誤解している人が多いようです．例えば -3.6 の整数部分は -3 ではありませんよ．）

◀実数 x と整数 n に対して
$x=n+r$ $(0 \leqq r < 1)$
と表すとき，n を**整数部分**，r を**小数部分**といいます．
例えば
$-3.6=-4+0.4$
なので，-3.6 の整数部分は -4 で小数部分は 0.4 になります．

以上の通り，$[x]$ は整数なのだから，(2)は
$$[x]=n \quad (n：整数)$$
とおいてスタートしましょう．

解 答

(1) $n^2-5n+5=0$ とすると，$n=\dfrac{5\pm\sqrt{5}}{2}$ なので

$n^2-5n+5<0$ を満たす n の範囲は
$$\frac{5-\sqrt{5}}{2}<n<\frac{5+\sqrt{5}}{2}$$

$2<\sqrt{5}<3$ だから
$$\frac{2.\cdots}{2}<n<\frac{7.\cdots}{2} \qquad \therefore \quad 1.\cdots<n<3.\cdots$$

これを満たす整数 n は **$n=2$, 3** である．

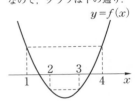

$\Leftarrow f(x)=x^2-5x+5$ として
$f(1)=1,\ f(2)=-1$
$f(3)=-1,\ f(4)=1$
なので，グラフは下の通り．

(2) $[x]=n$ $(n：整数)$ とおく．このとき
$$[x]^2-5[x]+5<0 \iff n^2-5n+5<0$$

(1)から $n=2$, 3 つまり $[x]=2$, 3 なので，実数 x の範囲は **$2\leq x<4$** である．

$\Leftarrow$ 整数部分が 2 or 3 になるのは
$x=2.\cdots$ または $x=3.\cdots$
のときです．

(3) (2)から $2\leq x<4$ で考える．

ⅰ）$2\leq x<3$ の場合，$[x]=2$ なので
$$x^2-5[x]+5=0 \iff x^2-5=0$$
$$\iff x=\sqrt{5} \ (\because \ 2\leq x<3)$$

ⅱ）$3\leq x<4$ の場合，$[x]=3$ なので
$$x^2-5[x]+5=0 \iff x^2-10=0$$
$$\iff x=\sqrt{10} \ (\because \ 3\leq x<4)$$

したがって，求める x は **$x=\sqrt{5}$, $\sqrt{10}$** である．

◢ **演習問題 26** → 解答 p.205

(Ⅰ) 方程式 $\left[\dfrac{1}{3}x+1\right]=[2x-1]$ を満たす実数 x の範囲を求めよ．ここで，$[x]$ は x を超えない最大の整数である． （防衛医大）

(Ⅱ) 実数 a に対して，a を超えない最大の整数を $[a]$ で表す．10000 以下の正の整数 n で $[\sqrt{n}]$ が n の約数となるものは何個あるか． （東工大）

32　ガウス記号 (2)

実数 x を超えない最大の整数を $[x]$ とし，$\langle x \rangle = x - [x]$ とする．また，a を定数として次の方程式を考える．

$$4\langle x \rangle^2 - \langle 2x \rangle - a = 0$$

ただし，$\langle x \rangle^2$ は $\langle x \rangle$ の 2 乗を表すとする．

(1)　$x = 1.7$ のとき $\langle x \rangle$ および $\langle 2x \rangle$ を求めよ．

(2)　α が上の方程式の解ならば，任意の整数 n について $\alpha + n$ も解であることを示せ．

(3)　上の方程式が解をもつような実数 a の範囲を求めよ．

(福島大)

精│講　　見慣れない記号が出てきたときは，もちろん実験です．具体的な数値を代入してみましょう．

何かに気づきませんか？　それぞれ，もとの数から整数部分を引いているので，この $\langle x \rangle$ は **x の小数部分** を表しているのです．

この事実に気づいてしまえば，$\langle x \rangle$ は 0 以上 1 未満の値をとり，x に整数を加えても $\langle x \rangle$ には影響しないことがわかり，(2)はほとんど明らかです．きちんと証明するには，ガウス記号の性質

┌─────────────────────────────┐
│ **n が整数のとき，$[x + n] = [x] + n$ である．** │
└─────────────────────────────┘

を使います．

◆ $\langle 2.3 \rangle = 2.3 - [2.3] = 2.3 - 2$
　　　　$= 0.3$
　$\langle 5 \rangle = 5 - [5] = 5 - 5$
　　　$= 0$
　$\langle \sqrt{2} \rangle = \sqrt{2} - [\sqrt{2}]$
　　　　$= \sqrt{2} - 1$

◆ $k \leqq x < k+1$ のとき
　　$k + n \leqq x + n < k + 1 + n$
　だから
　　$[x + n] = k + n = [x] + n$

解答

(1)　$x = 1.7$ のとき
$$\langle x \rangle = 1.7 - [1.7] = 1.7 - 1 = \mathbf{0.7}$$
$$\langle 2x \rangle = 3.4 - [3.4] = 3.4 - 3 = \mathbf{0.4}$$

(2)　記号 $\langle x \rangle$ の定義とガウス記号の性質より
$$\langle \alpha + n \rangle = (\alpha + n) - [\alpha + n] = (\alpha + n) - ([\alpha] + n)$$
$$= \alpha - [\alpha] = \langle \alpha \rangle$$

であるから
$$\langle 2(\alpha + n) \rangle = \langle 2\alpha + 2n \rangle = \langle 2\alpha \rangle$$

◆ 要するに，「整数を加えても小数部分には影響しない」ということを示してます．

第
1
部

も成り立つ.

α が解ならば $4\langle\alpha\rangle^2-\langle2\alpha\rangle-a=0$ が成り立つか
ら

$$4\langle\alpha+n\rangle^2-\langle2(\alpha+n)\rangle-a=4\langle\alpha\rangle^2-\langle2\alpha\rangle-a=0$$

となり, $\alpha+n$ も解である.

(3) $f(x)=4\langle x\rangle^2-\langle2x\rangle$ とおくと, (2)の計算から

$$f(x+n)=f(x)\quad(n:\text{任意の整数})$$

が成り立つ. よって, $f(x)$ は周期 1 の周期関数で
あるから $0\leqq x<1$ で考えれば十分で, このとき

$$\langle x\rangle=x-[x]=x$$

$$\langle2x\rangle=2x-[2x]=\begin{cases}2x&\left(0\leqq x<\dfrac{1}{2}\right)\\[2mm]2x-1&\left(\dfrac{1}{2}\leqq x<1\right)\end{cases}$$

⬅ 与方程式の定数を分離して
$\qquad f(x)=a$
とすれば, 2つのグラフ
$\qquad y=f(x),\ y=a$
の交わる条件を考えることに
なります.

⬅ $0\leqq x<1$ から
$\qquad 0\leqq2x<2$
なので, $[2x]$ は 0 と 1 の可
能性があります.

なので

$0\leqq x<\dfrac{1}{2}$ のとき

$$f(x)=4x^2-2x=4\left(x-\dfrac{1}{4}\right)^2-\dfrac{1}{4}$$

$\dfrac{1}{2}\leqq x<1$ のとき

$$f(x)=4x^2-2x+1=4\left(x-\dfrac{1}{4}\right)^2+\dfrac{3}{4}$$

よって, $y=f(x)$ のグラフは右図の実線部分.
$f(x)=a$ が実数解をもつのは $y=f(x)$ と $y=a$
が交点をもつときだから, 求める a の値の範囲は

$$-\dfrac{1}{4}\leqq a\leqq0,\ 1\leqq a<3$$

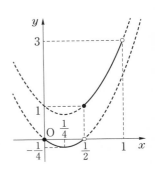

◀ **演習問題 27** → 解答 p.205

関数 $f(x)$ を

$$f(x)=[x]+2(x-[x])-(x-[x])^2$$

と定める. ここで, $[x]$ は $n\leqq x$ を満たす最大の整数nを表す.

(1) $f(x)\geqq x$ であることを示せ.

(2) $f(x+1)=f(x)+1$ であることを示せ.

(3) $0\leqq x\leqq2$ において $y=f(x)$ のグラフを描け.

(4) $0\leqq a<1$ とするとき, $\displaystyle\int_a^{a+1}f(x)dx$ を求めよ.

（岡山大）

第
6
章

33 二項定理の利用

(1) 2^{32} を7で割った余りを求めよ.

(2) n を自然数とするとき, $3^{n+1}+4^{2n-1}$ は13で割り切れることを示せ.

(3) $6 \cdot 3^{3x}+1=7 \cdot 5^{2x}$ を満たす0以上の整数 x をすべて求めよ. (一橋大)

精 講 (2), (3)では数学的帰納法を利用することもできますが, **(整数)^n が来たら二項定理**です.

> n を自然数として, $(a+b)^n$ を展開したときの $a^k b^{n-k}$ の係数は $_nC_k$ $(=_nC_{n-k})$ である.

ex) $(a+b)^3$ を指数表記を使わずに展開すれば

$(a+b)^3=(a+b)(a+b)(a+b)$

$\qquad =aaa+aab+aba+baa+abb+\cdots$

となります. このとき, 結局 a^2b となる項は

$\qquad aab, \quad aba, \quad baa$

の3つですね. これは

2個の a と1個の b の順列

がすべて現れていることになります. この順列の総数は「3つの席から a が座る席を2つ選ぶ」と考えて

$\qquad _3C_2=3(通り)$

と求めることができます. だから, a^2b の係数は3になるのです.

(1)は $2^3=8=7+1$ であることに注目し, 二項定理を使います. 1の累乗はすべて1だから

$(7+1)^n=_nC_n \cdot 7^n+_nC_{n-1} \cdot 7^{n-1}+_nC_{n-2} \cdot 7^{n-2}+\cdots$

$\qquad\qquad \cdots+_nC_2 \cdot 7^2+_nC_1 \cdot 7^1+_nC_0 \cdot 7^0$

となり, これは最後の項以外のすべての項で素因数7を含みます. つまり, 大雑把に

$\qquad 8^n=(7+1)^n=7K+1$ $(K：整数)$

とできるのです.

← いわゆる「同じものを含む順列」です. 詳しくは本シリーズの「場合の数・確率編」(森谷先生著)を読んでください.

← このとき b は残りの席に座るだけなので1通りです.

← 結局, **余りの積に依存する**ということです. (**12**参照)

(2)も $4^{2n-1}=4^{2(n-1)+1}=16^{n-1}\cdot4$ として，同様に
$$16^{n-1}=(13+3)^{n-1}=13K+3^{n-1}\ (K：整数)$$
とできます.

← 指数 $n+1$, $2n-1$ をそろえたいので 4 を 16 にします.

(3)は，$3^{3x}=27^x$, $5^{2x}=25^x$ に注目すれば，x の値が大きくなると左辺の方が右辺より**圧倒的に大きくなり**，等号が成り立たないことがわかりますね. そのことを二項定理を使って証明します.（数学的帰納法でもよい.）

← **22** 和と積の比較などで養った数式に対する感覚です.

解　答

(1)　$2^{32}=2^2\cdot2^{30}=4\cdot8^{10}$ であり，二項定理から
$$\begin{aligned}8^{10}&=(7+1)^{10}\\&={}_{10}C_{10}\cdot7^{10}+{}_{10}C_9\cdot7^9+\cdots+{}_{10}C_1\cdot7^1+{}_{10}C_0\cdot7^0\\&=7K+1\ (K：整数)\end{aligned}$$
とできるので
$$2^{32}=4(7K+1)=7\cdot4K+4$$
よって，2^{32} を 7 で割った余りは **4** である.

← 最後の ${}_{10}C_0\cdot7^0$ 以外はすべて 7 の倍数ですね.

(2)　$4^{2n-1}=4^{2(n-1)+1}=4\cdot16^{n-1}$ であり，二項定理から
$$\begin{aligned}16^{n-1}&=(13+3)^{n-1}\\&={}_{n-1}C_{n-1}\cdot13^{n-1}+{}_{n-1}C_{n-2}\cdot13^{n-2}\cdot3+\cdots\\&\quad\cdots+{}_{n-1}C_1\cdot13\cdot3^{n-2}+{}_{n-1}C_0\cdot3^{n-1}\\&=13K+3^{n-1}\ (K：整数)\end{aligned}$$
とできるので
$$\begin{aligned}3^{n+1}+4^{2n-1}&=3^{n+1}+4(13K+3^{n-1})\\&=9\cdot3^{n-1}+4\cdot13K+4\cdot3^{n-1}\\&=13(3^{n-1}+4K)\end{aligned}$$
よって，$3^{n+1}+4^{2n-1}$ は 13 で割り切れる.

← やっぱり，最後の項以外はすべて 13 の倍数ですね.

← 後ろの $4\cdot3^{n-1}$ とまとめるために
$$3^{n+1}=3^2\cdot3^{n-1}=9\cdot3^{n-1}$$
と変形します.

(3)　右辺が7の倍数なので，左辺も7の倍数である．

　　よって，3^{3x} を7で割った余りが1であることが必要である．

　　二項定理から
$$3^{3x}=27^x=(28-1)^x$$
$$={}_x\mathrm{C}_x\cdot28^x+{}_x\mathrm{C}_{x-1}\cdot28^{x-1}\cdot(-1)^1+\cdots$$
$$\cdots+{}_x\mathrm{C}_1\cdot28^1\cdot(-1)^{x-1}+{}_x\mathrm{C}_0\cdot(-1)^x$$
$$=28K+(-1)^x\ (K：整数)$$
$$=7\cdot4K+(-1)^x$$

とできるので，x は偶数に限る．

←この議論に気づかなくても，結局は $x\geqq3$ で等号不成立であることが同様に示されるので，問題ありません．

ⅰ）$x=0$ のとき
$$6\cdot3^{3x}+1=7,\ 7\cdot5^{2x}=7$$

ⅱ）$x=2$ のとき
$$6\cdot3^{3x}+1=6\cdot27^x+1=6(25+2)^2+1$$
$$=6\cdot25^2+24\cdot25+24+1$$
$$=6\cdot25^2+25^2$$
$$=7\cdot25^2=7\cdot5^{2x}$$

←実際に計算して
$$6\cdot3^6+1=4375$$
$$7\cdot5^4=4375$$
だから等しいとしてもよい．

ⅲ）$x\geqq4$ のとき
$$6\cdot3^{3x}+1=6\cdot27^x+1=6(25+2)^x+1$$
であり，二項定理から
$$(25+2)^x={}_x\mathrm{C}_x\cdot25^x+{}_x\mathrm{C}_{x-1}\cdot25^{x-1}\cdot2^1+\cdots$$
$$\cdots+{}_x\mathrm{C}_1\cdot25^1\cdot2^{x-1}+{}_x\mathrm{C}_0\cdot2^x$$
$$>25^x+2x\cdot25^{x-1}$$

とできるので

←…以降は正だから，とってしまうと小さくなります．

$$6\cdot3^{3x}+1>6(25^x+2x\cdot25^{x-1})+1$$
$$=6\cdot25^x+12x\cdot25^{x-1}+1$$
$$>6\cdot25^x+25\cdot25^{x-1}=7\cdot5^{2x}$$

となり，等号不成立．

←$x\geqq4$ なので
$$12x\geqq48>25$$

以上から，求める整数 x は **$x=0,\ 2$** である．

補足⁺　(1)　$2^4-2=16-2=14=7\cdot2$ だから，両辺に 2^{n-1} をかけて
$$2^{n+3}-2^n=7\cdot2^n\quad(n：自然数)$$
とできます．これは，2^{n+3} と 2^n を 7 で割った**余りが等しい**ことを表しているので
$$
\begin{aligned}
(2^{32} \text{ を } 7 \text{ で割った余り}) &= (2^{29} \text{ を } 7 \text{ で割った余り}) \\
&= (2^{26} \text{ を } 7 \text{ で割った余り}) \\
&\cdots\cdots\cdots(省略)\cdots\cdots\cdots \\
&= (2^{5} \text{ を } 7 \text{ で割った余り}) \\
&= (2^{2} \text{ を } 7 \text{ で割った余り}) = 4
\end{aligned}
$$
と求めることもできます．

(2)　数学的帰納法を用いて以下のように証明してもよいですよ．
　　$3^{n+1}+4^{2n-1}$ が 13 の倍数であれば
$$
\begin{aligned}
3^{n+2}+4^{2n+1} &= 3\cdot3^{n+1}+16\cdot4^{2n-1} \\
&= 3(3^{n+1}+4^{2n-1})+13\cdot4^{2n-1}
\end{aligned}
$$
とできることから，$3^{n+2}+4^{2n+1}$ も 13 の倍数である．
　　$n=1$ のとき，$3^2+4^1=13$ であることとあわせて，題意は示された．

(3)　$x\geqq4$ のとき等号が不成立であることの証明は，数学的帰納法を用いて以下のようにしてもよいでしょう．
　　4 以上の自然数 x で $6\cdot3^{3x}+1>7\cdot5^{2x}$ が成立すれば
$$
\begin{aligned}
6\cdot3^{3x+3}+1-7\cdot5^{2x+2} &= 3^3\cdot6\cdot3^{3x}+1-5^2\cdot7\cdot5^{2x} \\
&> 27(7\cdot5^{2x}-1)+1-25\cdot7\cdot5^{2x} \\
&= 2\cdot7\cdot5^{2x}-26 \\
&\geqq 2\cdot7\cdot5^8-26\quad(\because\ x\geqq4) \\
&> 0
\end{aligned}
$$
$$\therefore\quad 6\cdot3^{3x+3}+1>7\cdot5^{2x+2}$$
　　$x=4$ のとき
$$
\begin{aligned}
6\cdot3^{3x}+1 &= 6\cdot27^x+1=6(25+2)^4+1 \\
&= 6(25^4+4\cdot25^3\cdot2+\cdots\cdots)+1 \\
&> 6(25^4+8\cdot25^3)=6\cdot25^4+48\cdot25^3>7\cdot25^4=7\cdot5^{2x}
\end{aligned}
$$
であることとあわせて，$x\geqq4$ のとき $6\cdot3^{3x}+1>7\cdot5^{2x}$ である．

◀演習問題 28▶　→ 解答 p.206
　すべての正の整数 n に対して 5^n+an+b が 16 の倍数となるような 16 以下の正の整数 a, b を求めよ．

（一橋大）

34 フェルマーの小定理

p を素数とするとき，次の問いに答えよ．

(1) 自然数 k が $1 \leq k \leq p-1$ を満たすとき，${}_pC_k$ は p で割り切れることを示せ．ただし，${}_pC_k$ は p 個のものから k 個取った組合せの総数である．

(2) n を自然数とするとき，n に関する数学的帰納法を用いて，$n^p - n$ は p で割り切れることを示せ．

(3) n が p の倍数でないとき，$n^{p-1}-1$ は p で割り切れることを示せ．

(富山大)

精 講　組合せ ${}_pC_k$ の性質を証明するときは

$$ {}_pC_k = \frac{p!}{k!(p-k)!} $$

$\Leftarrow$ ex) ${}_5C_2 = \dfrac{5 \cdot 4}{2 \cdot 1}$
$= \dfrac{5 \cdot 4 \cdot 3 \cdot 2 \cdot 1}{2 \cdot 1 \cdot 3 \cdot 2 \cdot 1}$
$= \dfrac{5!}{2!3!}$

の形（階乗で表した形）で考えるのが定石です．本問はこれが p の倍数であることの証明だから，**分母に含まれるどの素因数でも分子の p を割り切れない**ことをいえばよいことになります．

(2)は数学的帰納法を用いることが指示されているので，$(n+1)^p$ の処理がポイントですが，もちろん **33** と同様に二項定理です．すると係数 ${}_pC_k$ が現れるから，(1)との関連が見えてきますね．

$\Leftarrow$ 数学的帰納法でない方法を説明するには余白が狭すぎる．

(3)は，n が素数 p の倍数でないとき，n と p の最大公約数が 1，つまり互いに素であることに気づけば，(2)の結果からほとんど明らかです．

解 答

(1) p は素数で，$1 \leq k \leq p-1$ だから

$$ {}_pC_k = \frac{p!}{k!(p-k)!} $$

の分母 $k!(p-k)!$ に含まれるどの素因数でも分子の p を割り切れない．${}_pC_k$ が組合せの総数を表す整数であることとあわせて，${}_pC_k$ は p の倍数である．

(2)　n^p-n が p の倍数であると仮定すれば

$$(n+1)^p-(n+1)$$
$$={}_pC_pn^p+{}_pC_{p-1}n^{p-1}+\cdots+{}_pC_1n+{}_pC_0-n-1 \quad \leftarrow \text{二項定理}$$
$$=(n^p-n)+({}_pC_{p-1}n^{p-1}+\cdots+{}_pC_1n)$$

　(1)から，${}_pC_{p-1}$，$\cdots$，${}_pC_1$ はすべて p の倍数で，
仮定とあわせて $(n+1)^p-(n+1)$ は p の倍数である．

　　$n=1$ のとき，$n^p-n=0$ は p の倍数である．
　よって，数学的帰納法により題意は示された．

(3)　(2)から，$n^p-n=n(n^{p-1}-1)$ は p の倍数で，n 　$\leftarrow$ 例えば，$7m$ が5の倍数なら
　と p は互いに素なので，$n^{p-1}-1$ が p の倍数である．　　m が5の倍数ですね．

補足$^+$ (1)では，等式 $k\cdot{}_pC_k=p\cdot{}_{p-1}C_{k-1}$ を証明してから，p と k が互いに素で
あることにより結論を導いてもよいでしょう．なお，この等式は

$$k\cdot{}_pC_k=k\cdot\frac{p!}{k!(p-k)!}=\frac{kp}{k}\cdot\frac{(p-1)!}{(k-1)!(p-k)!}=p\cdot{}_{p-1}C_{k-1}$$

と示されます．

参考　この(2)，(3)の結論は**フェルマーの小定理**と呼ばれています．有名なフェ
ルマーの最終定理と区別するために「小」と付いていますが，大学入試において
は小定理の方が頻出です．もちろん，本問のようにこの定理を誘導していたり，
関連はあるけど知らなくても解けるようになっています．
　そんな大学入試において伝説(は大げさ？)の1問が下の◀**演習問題 29** です．
少し古いのですが1995年の京大(後期)で出題された問題です．自分の得点を自
分で決められるなんて，おもしろいと思いませんか？

◀**演習問題 29**　→ 解答 p.206
　自然数 n の関数 $f(n)$，$g(n)$ を

$$f(n)=(n \text{ を7で割った余り}),\quad g(n)=3f\left(\sum_{k=1}^{7}k^n\right)$$

によって定める．
(1)　すべての自然数 n に対して $f(n^7)=f(n)$ を示せ．
(2)　あなたの好きな自然数 n を1つ定めて $g(n)$ を求めよ．その $g(n)$ の値をこ
　の設問(2)におけるあなたの得点とする．

　　　　　　　　　　　　　　　　　　　　　　　　　　　　　　　(京　大)

35 連続和

> m を自然数，n を 2 以上の整数とする．m から始まる連続した n 個の自然数の和を $S(m, n)$ と書く．以下の問いに答えよ．
>
> (1) $S(m, n)$ を求めよ．
>
> (2) $S(m, n) = 90$ を満たすような (m, n) の組をすべて求めよ．
>
> (3) $S(m, n) = 1024$ を満たすような (m, n) の組は存在しないことを示せ．
>
> （広島大）

精講 　初めて見ると戸惑うかもしれませんが，
**連続する自然数の和（連続和）は等差数列
の和**だから，本問の $S(m, n)$ を「＋…＋」という表現を使わずに表すことができます．

> 等差数列 $\{a_n\}$ の a_1 から a_n までの n 項の和 S_n は
> $$S_n = \frac{1}{2}n(a_1 + a_n)$$

← $\frac{1}{2}$（項数）（初項＋末項）

ここさえクリアできれば，本書をここまで読んできた読者にとっては難しくないはずの問題です．

解 答

(1) $S(m, n)$ は，等差数列の和だから
$$S(m, n) = m + (m+1) + \cdots + (m+n-1)$$
$$= \frac{1}{2}n\{m + (m+n-1)\}$$
$$= \frac{1}{2}n(2m+n-1)$$

← 初項 m，末項 $m+n-1$，項数 n の等差数列の和です．

(2) $S(m, n) = 90$ のとき，(1)から
$$n(2m+n-1) = 180 = 2^2 \cdot 3^2 \cdot 5$$
ここで，和 $n + (2m+n-1) = 2(m+n) - 1$ が奇数なので，n と $2m+n-1$ の偶奇は異なる．
さらに，$2 \leqq n < 2m+n-1$ に注意して
$$\binom{2m+n-1}{n} = \binom{60}{3}, \ \binom{45}{4}, \ \binom{36}{5}, \ \binom{20}{9}, \ \binom{15}{12}$$

← このままだとパターンが多すぎるので，和を調べたり，大小に注意します．

← 偶奇が異なるから，素因数 2 は一方にすべて含まれます．

$$\therefore \quad \binom{m}{n} = \binom{29}{3},\ \binom{21}{4},\ \binom{16}{5},\ \binom{6}{9},\ \binom{2}{12}$$

(3) $S(m,\ n)=1024$ とすると，(1)から
$$n(2m+n-1)=1024\cdot2=2^{11}$$

← 存在しないことの証明は**背理法**でしたね．

(2)と同様にnと$2m+n-1$の偶奇は異なり，また$n<2m+n-1$に注意すれば
$$\binom{2m+n-1}{n}=\binom{2^{11}}{1}$$

となるが，これは$n\geqq2$に矛盾する．

よって，$S(m,\ n)=1024$を満たすような$(m,\ n)$の組は存在しない．

参考〉 $S(m,\ n)$の値が与えられたとき，それを満たす$(m,\ n)$の組の個数は
($S(m,\ n)$ の正の約数で奇数であるものの個数)-1
になっています．90の正の約数で奇数であるものは1，3，5，9，15，45の6個なので $6-1=5$ 組となり，(2)の結果に確かに合っていますね．例えば
$$90=18+18+18+18+18\ (5等分)$$
$$=(18-2)+(18-1)+18+(18+1)+(18+2)$$
$$=16+17+18+19+20$$
$$90=6+6+\cdots\cdots+6+6\ (15等分)$$
$$=(6-7)+(6-6)+\cdots+(6-1)+6+(6+1)+\cdots+(6+6)+(6+7)$$
$$=(-1)+0+1+2+3+\cdots\cdots+12+13$$
　　　　合計 0
$$=2+3+4+\cdots\cdots+12+13$$
とすれば連続和にできます．最初に偶数等分すると上手くいきません．したがって，最初に何等分するかを奇数である約数(1以外)の中から選ぶので，5通りなのです．

◀ **演習問題 30** → 解答 p.207

自然数を2個以上の連続する自然数の和で表すことを考える．例えば，42は$3+4+\cdots+9$のように2個以上の連続する自然数の和で表せる．次の問いに答えよ．

(1) 2020を2個以上の連続する自然数の和で表す表し方をすべて求めよ．

(2) aを0以上の整数とするとき，2^aは2個以上の連続する自然数の和で表せないことを示せ．

(3) $a,\ b$を自然数とするとき，$2^a(2b+1)$は2個以上の連続する自然数の和で表せることを示せ．

(横浜国大)

36　漸化式の利用（無限降下法）

　2つの数列 $\{a_n\}$，$\{b_n\}$ が次の漸化式で与えられているとする．
$$a_1=4,\ b_1=3,\ a_{n+1}=4a_n-3b_n,\ b_{n+1}=3a_n+4b_n$$
このとき，以下の問いに答えよ．

(1)　a_2，a_3，a_4，b_2，b_3，b_4 を求めよ．

(2)　$a_{n+4}-a_n$，$b_{n+4}-b_n$ はともに5の倍数であることを証明せよ．

(3)　a_n も b_n も5の倍数ではないことを証明せよ．

（首都大）

精｜講　　漸化式を解いて一般項を求めることが目標ではありません．あくまでも漸化式を利用して設問に答えることが目標です．

　(1)の計算を見れば分かるように，この漸化式によって a_n，b_n は交互に（同時進行で）定まっていきます．だから(2)でも，同時進行で数学的帰納法を適用します．
　そして(2)の結論は

　　a_{n+4} と a_n を5で割った余りが等しい

ということを表しています．（b_n も同様.）

　(3)は「5の倍数となる a_n，b_n は**存在しないこと**」の証明だから**背理法**です！　さらに漸化式と組み合わせて数学的帰納法を使うのですが，いつもとは逆に**数列を戻す方向**で考えます．これを「**(無限)降下法**」といいます．

←a_n を5で割ったときの商を q_n，余りを $r_n(=0,\ 1,\ \cdots,\ 4)$ とおくと
$$a_{n+4}-a_n$$
$$=5(q_{n+4}-q_n)+(r_{n+4}-r_n)$$
これが5の倍数なら
$$r_{n+4}-r_n=0$$
$$\therefore\ \ r_{n+4}=r_n$$

解　答

(1)　漸化式から
$$a_2=4a_1-3b_1=4\cdot4-3\cdot3=\mathbf{7}$$
$$b_2=3a_1+4b_1=3\cdot4+4\cdot3=\mathbf{24}$$
$$a_3=4a_2-3b_2=4\cdot7-3\cdot24=\mathbf{-44}$$
$$b_3=3a_2+4b_2=3\cdot7+4\cdot24=\mathbf{117}$$
$$a_4=4a_3-3b_3=4\cdot(-44)-3\cdot117=\mathbf{-527}$$
$$b_4=3a_3+4b_3=3\cdot(-44)+4\cdot117=\mathbf{336}$$

(2) $a_{n+4}-a_n$, $b_{n+4}-b_n$ がともに5の倍数であれば，漸化式から

$$a_{n+5}-a_{n+1}=(4a_{n+4}-3b_{n+4})-(4a_n-3b_n)$$
$$=4(a_{n+4}-a_n)-3(b_{n+4}-b_n)$$
$$b_{n+5}-b_{n+1}=(3a_{n+4}+4b_{n+4})-(3a_n+4b_n)$$
$$=3(a_{n+4}-a_n)+4(b_{n+4}-b_n)$$

とできるから，$a_{n+5}-a_{n+1}$, $b_{n+5}-b_{n+1}$ はともに5の倍数である．

$$a_5-a_1=4a_4-3b_4-a_1$$
$$=4\cdot(-527)-3\cdot336-4$$
$$=-3120=5\cdot(-624)$$
$$b_5-b_1=3a_4+4b_4-b_1$$
$$=3\cdot(-527)+4\cdot336-3$$
$$=-240=5\cdot(-48)$$

とあわせて，数学的帰納法により題意は示された．

←「$n=k$ のとき…」という形式にこだわる必要はありません．「とある」番号での成立を仮定して始めるのが数学的帰納法のシステムです．

←$n=1$ のときを先に書かなければいけないなんてルールはありません．それに，ドミノは並べてから倒すものだと思うのですが…

(3) (2)で示したことから，a_{n+4} と a_n を5で割った余りは等しい．よって，a_{n+4} が5の倍数ならば a_n も5の倍数である．これを繰り返すと a_1, a_2, a_3, a_4 のいずれかが5の倍数であることになるが，(1)の結果に矛盾する．

　したがって，すべての自然数 n に対して a_n は5の倍数ではない．

　b_n についても，まったく同様の議論である．

←4つずつ戻していきます．すると最終的に最初の4個のいずれかにたどり着きますね．

◢ **演習問題 31**　→解答 p.207

　n を2以上の自然数とし，整式 x^n を $x^2-6x-12$ で割った余りを $a_n x+b_n$ とする．

(1) a_2, b_2 を求めよ．

(2) a_{n+1}, b_{n+1} を a_n と b_n を用いて表せ．

(3) 各 n に対して，a_n と b_n の公約数で素数となるものをすべて求めよ．

(東北大)

数学的帰納法について

第6章では「数学的帰納法」の登場回数が多かったわけですが，読者の皆さんの中には筆者の「数学的帰納法」の書き方に違和感を覚えた人も少なからずいることでしょう．それはおそらく次の2点に集約されると思います．

・普通は「$n=1$ のとき」を最初に証明する．
・普通は「$n=k$ のとき」の成立を仮定して「$n=k+1$ のとき」を示す．

これらについて筆者の思想をちょっと書いてみようと思います．（そんなことに興味ないという読者は読み飛ばしていただいても構いません．）

さて，数学的帰納法とは，**すべての自然数 n に対して，条件 $P(n)$ が成り立つことを示す方法**の1つでしたね．ここで重要なのは「すべての自然数 n に対して」ということです．例えば $n=1$，2，$\cdots$，10 に対して示すのであれば，時間はかかりますが，条件 $P(1)$，$P(2)$，$\cdots$，$P(10)$ のすべてを調べ，証明すればよいことになります．しかし「すべての自然数 n に対して」となるとそうはいきません．そこで，次のように考えるのです．

① $P(1)$ が成立することを示す．
② 「$P(1)$ が成立するならば，$P(2)$ が成立する」を示す．
③ ①，②から $P(2)$ が成立する．
④ 「$P(2)$ が成立するならば，$P(3)$ が成立する」を示す．
⑤ ③，④から $P(3)$ が成立する．
⑥ 「$P(3)$ が成立するならば，$P(4)$ が成立する」を示す．
⑦ ⑤，⑥から $P(4)$ が成立する．
$\cdots\cdots\cdots\cdots$

この繰り返しを次の2つで表し，「すべての自然数 n に対して」の証明とするのです．

(イ) **$P(1)$ が成立することを示す．**
(ロ) **「$P(n)$ が成立するならば，$P(n+1)$ が成立する」を示す．**

この(ロ)によって，上の②，④，⑥，$\cdots$ を代弁していることがわかりますね．この(ロ)を，教科書など多くの書籍では「$n=k$ のとき$\cdots$」と書いているのですが，そんな形式的なことの為に，いたずらに文字を増やしてしまうことでわかりづらくなっている部分（高校生の多くが数列分野を苦手にしている理由のひとつでしょう．）が少なくともあると筆者は思っているので，この(ロ)を筆者は「**n のまま**」で書いているのです．

また，(イ)と(ロ)を書く順番についてですが，数学的帰納法はよくドミノ倒しに例えられます．(イ)がスタートのドミノを倒すこと，(ロ)がドミノを並べることを表しているのですが，だったら「**並べてから倒す**」のが当然だと筆者は思うのです．

もちろん，筆者の書き方を読者に強制するつもりは全くありません．ただ，形

式的に覚えるのではなく，正しく理解してもらいたいのです．

なお，左ページではスタートを $P(1)$ としましたが，これは問題によります．

---

6 以上の整数 n に対して不等式
$$2^n > n^2 + 7$$
が成り立つことを数学的帰納法により示せ． （東北大）

(解答)

$2^n > n^2 + 7$ が成り立つならば
$$2^{n+1} - (n+1)^2 - 7 > 2(n^2+7) - (n+1)^2 - 7$$
$$= n^2 - 2n + 6$$
$$= (n-1)^2 + 5 > 0$$
$$\therefore \quad 2^{n+1} > (n+1)^2 + 7$$

また，$n=6$ のとき
$$2^n = 64, \quad n^2 + 7 = 43 \qquad \therefore \quad 2^n > n^2 + 7$$

よって，数学的帰納法により題意は成立する． （証明終了）

また，(ロ)が違う形の問題もあります．

正の数からなる数列 $\{a_n\}$ は，すべての自然数 n について，関係式
$$2\sum_{k=1}^{n} a_k = a_n(a_n + 1) \qquad \cdots\cdots(*)$$
を満たす．このとき，以下の問いに答えよ．

(1) a_1, a_2, a_3 の値を求めよ． (2) 一般項 a_n を求めよ．

(解答)

(1) $(*)$ に $n=1$ を代入すると
$$2a_1 = a_1(a_1 + 1) \qquad \therefore \quad a_1 = 1 \quad (\because \quad a_1 > 0)$$

$(*)$ に $n=2$ を代入すると
$$2(a_1 + a_2) = a_2(a_2 + 1) \iff a_2{}^2 - a_2 - 2 = 0 \iff (a_2 + 1)(a_2 - 2) = 0$$
$$\therefore \quad a_2 = 2 \quad (\because \quad a_2 > 0)$$

$(*)$ に $n=3$ を代入すると
$$2(a_1 + a_2 + a_3) = a_3(a_3 + 1) \iff a_3{}^2 - a_3 - 6 = 0 \iff (a_3 + 2)(a_3 - 3) = 0$$
$$\therefore \quad a_3 = 3 \quad (\because \quad a_3 > 0)$$

(2) (1)より，$a_n = n$ と予想できるので，数学的帰納法で示す．

$a_1 = 1, a_2 = 2, a_3 = 3, \cdots\cdots, a_n = n$ が成り立つと仮定すれば，$(*)$ から
$$2(1 + 2 + 3 + \cdots\cdots + n + a_{n+1}) = a_{n+1}(a_{n+1} + 1)$$
$$\iff 2\left\{\frac{1}{2}n(n+1) + a_{n+1}\right\} = a_{n+1}{}^2 + a_{n+1}$$

$$\Longleftrightarrow a_{n+1}{}^2 - a_{n+1} - n(n+1) = 0$$
$$\Longleftrightarrow (a_{n+1} + n)\{a_{n+1} - (n+1)\} = 0$$
$$\therefore \quad a_{n+1} = n+1 \quad (\because \quad a_{n+1} > 0)$$

$a_1 = 1$ から $n=1$ のときも成立する.

以上から,すべての自然数 n に対して $\boldsymbol{a_n = n}$ である. （証明終了）

そして,次の問題は(イ)と(ロ)の順番が重要です.

数列 $\{a_n\}$ を次のように定義する.
$$a_1 = 1, \quad a_{n+1} = \frac{1}{2}a_n + \frac{1}{n+1} \quad (n = 1, 2, \cdots)$$

このとき,各自然数 n に対して不等式 $a_n \leqq \dfrac{4}{n}$ が成り立つことを証明せよ. （京 大）

[解答]

$a_n \leqq \dfrac{4}{n}$ が成り立つならば,漸化式から

$$\frac{4}{n+1} - a_{n+1} = \frac{4}{n+1} - \left(\frac{1}{2}a_n + \frac{1}{n+1} \right)$$
$$\geqq \frac{4}{n+1} - \frac{1}{2} \cdot \frac{4}{n} - \frac{1}{n+1}$$
$$= \frac{3}{n+1} - \frac{2}{n}$$
$$= \frac{n-2}{n(n+1)}$$

よって,$n \geqq 2$ において $\dfrac{n-2}{n(n+1)} \geqq 0$ つまり $a_{n+1} \leqq \dfrac{4}{n+1}$ が成り立つ.

$a_1 = 1 \leqq \dfrac{4}{1}$,$a_2 = \dfrac{1}{2} \cdot 1 + \dfrac{1}{2} = 1 \leqq \dfrac{4}{2}$ だから $n = 1$,2 のときも成り立つ.

以上から,数学的帰納法により題意は示された. （証明終了）

この問題は(ロ)が $n \geqq 2$ でしか成立しないので,(イ)で $n = 1$,2 の2つを証明するのです.これは(ロ)を先に考えていないと気づかないですよね.

第 2 部

実践編
問　題

37　→ 解答 p.122

次の問いに答えよ.

(1)　5 以上の素数は,ある自然数 n を用いて $6n+1$ または $6n-1$ の形で表される
ことを示せ.

(2)　N を自然数とする. $6N-1$ は,$6n-1$(n は自然数) の形で表される素数を
約数にもつことを示せ.

(3)　$6n-1$(n は自然数) の形で表される素数は無限に多く存在することを示せ.

38　→ 解答 p.124

自然数 a, b, c が $3a=b^3$,$5a=c^2$ を満たし,d^6 が a を割り切るような自然
数 d は $d=1$ に限るとする.

(1)　a は 3 と 5 で割り切れることを示せ.

(2)　a の素因数は 3 と 5 以外にないことを示せ.

(3)　a を求めよ.

39　→ 解答 p.126

n を 2 以上の自然数とする.

(1)　n が素数または 4 のとき,$(n-1)!$ は n で割り切れないことを示せ.

(2)　n が素数でなくかつ 4 でもないとき,$(n-1)!$ は n で割り切れることを示せ.

40 → 解答 p.128

正の整数 n に対して，その（1 と自分自身も含めた）すべての正の約数の和を $s(n)$ と書くことにする．このとき，次の問いに答えよ．
(1) k を正の整数，p を 3 以上の素数とするとき，$s(2^k p)$ を求めよ．
(2) $s(2016)$ を求めよ．
(3) 2016 の正の約数 n で，$s(n)=2016$ となるものをすべて求めよ．

41 → 解答 p.130

k, m, n を自然数とする．以下の問いに答えよ．
(1) 2^k を 7 で割った余りが 4 であるとする．このとき，k を 3 で割った余りは 2 であることを示せ．
(2) $4m+5n$ が 3 で割り切れるとする．このとき，2^{mn} を 7 で割った余りは 4 ではないことを示せ．

42 → 解答 p.132

以下の問いに答えよ．
(1) n を正の整数とし，3^n を 10 で割った余りを a_n とする．a_n を求めよ．
(2) n を正の整数とし，3^n を 4 で割った余りを b_n とする．b_n を求めよ．
(3) 数列 $\{x_n\}$ を次のように定める．
$$x_1=1, \quad x_{n+1}=3^{x_n} \ (n=1, 2, 3, \cdots)$$
x_{10} を 10 で割った余りを求めよ．

43　→ 解答 p.134

自然数 n に対して，10^n を 13 で割った余りを a_n とおく．a_n は 0 から 12 までの整数である．以下の問いに答えよ．

(1)　a_{n+1} は $10a_n$ を 13 で割った余りに等しいことを示せ．

(2)　a_1, a_2, $\cdots$, a_6 を求めよ．

(3)　以下の 3 条件を満たす自然数 N をすべて求めよ．

(i)　N を十進法で表示したとき 6 桁となる．

(ii)　N を十進法で表示して，最初と最後の桁の数字を取り除くと 2016 となる．

(iii)　N は 13 で割り切れる．

44　→ 解答 p.136

0 または正の整数 x, y を用いて $n = 5x + 11y$ と表される整数 n 全体の集合を A とする．A に属する整数のうち，小さい方から数えて 3 番目のものは _____，4 番目のものは _____ である．また，9 番目のものは _____ である．

m は整数であって，$n \geqq m$ を満たす整数 n はすべて A の要素であるという．このような整数 m のうち最小のものは _____ である．

45　→ 解答 p.138

l, m, n を 3 以上の整数とする．等式

$$\left(\frac{n}{m} - \frac{n}{2} + 1\right)l = 2$$

を満たす l, m, n の組をすべて求めよ．

46 → 解答 p.140

1つの角が $120°$ の三角形がある．この三角形の3辺の長さ x, y, z は $x < y < z$ を満たす整数である．

(1) $x+y-z=2$ を満たす x, y, z の組をすべて求めよ．

(2) $x+y-z=3$ を満たす x, y, z の組をすべて求めよ．

(3) a, b を0以上の整数とする．$x+y-z=2^a 3^b$ を満たす x, y, z の組の個数を a と b の式で表せ．

47 → 解答 p.143

素数 p, q を用いて $p^q + q^p$ と表される素数をすべて求めよ．

48 → 解答 p.144

3以上 9999 以下の奇数 a で，$a^2 - a$ が 10000 で割り切れるものをすべて求めよ．

49 → 解答 p.146

x, y を自然数とする.

(1) $\dfrac{3x}{x^2+2}$ が自然数であるような x をすべて求めよ.

(2) $\dfrac{3x}{x^2+2}+\dfrac{1}{y}$ が自然数であるような組 (x, y) をすべて求めよ.

50 → 解答 p.148

a, b を正の整数とする. 方程式
$$2x^3-ax^2+bx+3=0$$
が，1以上の有理数の解を持つような a の最小値は ☐ である.

51 → 解答 p.150

実数 a, b, c に対して，3次関数 $f(x)=x^3+ax^2+bx+c$ を考える. このとき，次の問いに答えよ.

(1) $f(-1)$, $f(0)$, $f(1)$ が整数であるならば，すべての整数 n に対して，$f(n)$ は整数であることを示せ.

(2) $f(2010)$, $f(2011)$, $f(2012)$ が整数であるならば，すべての整数 n に対して，$f(n)$ は整数であることを示せ.

52　→ 解答 p.152

n を 4 以上の自然数とする. 数 2, 12, 1331 がすべて n 進法で表記されているとして

$$2^{12} = 1331$$

が成り立っている. このとき n はいくつか. 十進法で答えよ.

53　→ 解答 p.154

実数 x に対して, x 以下の最大の整数を $[x]$ で表す. 以下の問いに答えよ.

(1)　$\dfrac{14}{3} < x < 5$ のとき, $\left[\dfrac{3}{7}x\right] - \left[\dfrac{3}{7}[x]\right]$ を求めよ.

(2)　すべての実数 x について, $\left[\dfrac{1}{2}x\right] - \left[\dfrac{1}{2}[x]\right] = 0$ を示せ.

(3)　n を正の整数とする. 実数 x について, $\left[\dfrac{1}{n}x\right] - \left[\dfrac{1}{n}[x]\right]$ を求めよ.

54　→ 解答 p.156

m を 2015 以下の正の整数とする. $_{2015}C_m$ が偶数となる最小の m を求めよ.

55 → 解答 p.158

n を 2 以上の整数とする．集合 $X_n=\{1,\ 2,\ \cdots,\ n\}$ を 2 つの空集合ではない部分集合 A_n，B_n に分ける．すなわち，$A_n\cup B_n=X_n$，$A_n\cap B_n=\varnothing$，$A_n\neq\varnothing$，$B_n\neq\varnothing$ である．A_n に属する自然数の和を a_n，B_n に属する自然数の和を b_n とおく．例えば，$n=5$ のとき，X_5 を $A_5=\{1,\ 2,\ 5\}$，$B_5=\{3,\ 4\}$ と分ければ，$a_5=8$，$b_5=7$ となる．このとき，次の問いに答えよ．

(1) n が 4 の倍数のとき，$a_n=b_n$ となるように X_n を分けられることを示せ．

(2) $n+1$ が 4 の倍数のときも，$a_n=b_n$ となるように X_n を分けられることを示せ．

(3) n も $n+1$ も 4 の倍数ではないとき，$a_n=b_n$ となるようには X_n を分けられないことを示せ．

56 → 解答 p.160

n を 4 以上の自然数とする．和が n となる 2 つ以上の自然数の組合せを考え，その積の最大値を $M(n)$ とおく．例えば $n=4$ のとき，和が n となる自然数の組合せは

$$(1,\ 1,\ 1,\ 1),\ (2,\ 1,\ 1),\ (3,\ 1),\ (2,\ 2)$$

があるが，この積の最大値は $2\times2=4$ のときであるから $M(4)=4$ となる．

(1) $M(8)$ を求めよ．

(2) $M(12)$ を求めよ．

(3) $M(n)$ を求めよ．

57　→ 解答 p.163

次の(1), (2)を証明せよ.
(1)　任意に与えられた相異なる 4 つの整数 x_0, x_1, x_2, x_3 を考える. これらの
　　うちから適当に 2 つの整数を選んで, その差が 3 の倍数となるようにできる.
(2)　n を 1 つの正の整数とする. このとき, n の倍数であり, 桁数が $(n+1)$ を
　　超えず, かつ $33\cdots300\cdots0$ の形で表される整数がある.

58　→ 解答 p.165

次の問に答えよ. ただし, $0.3010 < \log_{10} 2 < 0.3011$ であることは用いてよい.
(1)　100 桁以下の自然数で, 2 以外の素因数を持たないものの個数を求めよ.
(2)　100 桁の自然数で, 2 と 5 以外の素因数を持たないものの個数を求めよ.

59　→ 解答 p.168

　公差が正の数 d である等差数列 $\{a_n\}$ に対し，初項 a_1 から第 n 項 a_n までのすべての項が素数であるとき $(a_1,\ a_2,\ \cdots,\ a_n)$ を項数 n，公差 d の等差素数列という．100 以下の素数は次の 25 個である．

$$2,\ 3,\ 5,\ 7,\ 11,\ 13,\ 17,\ 19,\ 23,\ 29,\ 31,\ 37,\ 41,\ 43,$$
$$47,\ 53,\ 59,\ 61,\ 67,\ 71,\ 73,\ 79,\ 83,\ 89,\ 97$$

(1)　$a_3 \leqq 100$ を満たす項数 3，公差 30 の等差素数列 $(a_1,\ a_2,\ a_3)$ をすべて求めよ．

(2)　$n \geqq 2$ かつ $a_1 > 2$ のとき，等差素数列 $(a_1,\ a_2,\ \cdots,\ a_n)$ の和 $a_1 + a_2 + \cdots + a_n$ は合成数であることを示せ．

(3)　$n \geqq 3$ かつ $a_1 > 3$ のとき，等差素数列 $(a_1,\ a_2,\ \cdots,\ a_n)$ の公差は 6 の倍数であることを示せ．

(4)　$n \geqq 3$ かつ $a_1 > 3$ のとき，$a_1 + a_2 + \cdots + a_n = 100$ を満たす項数 n の等差素数列 $(a_1,\ a_2,\ \cdots,\ a_n)$ を求めよ．

60　→ 解答 p.171

　正の整数 n に対して，n の正の約数の総和を $\sigma(n)$ とする．たとえば，$n = 6$ の正の約数は 1，2，3，6 であるから $\sigma(6) = 1 + 2 + 3 + 6 = 12$ となる．以下の問いに答えよ．

(1)　$\sigma(30)$ を求めよ．

(2)　正の整数 n と，n を割り切らない素数 p に対して，等式

$$\sigma(pn) = (p+1)\sigma(n)$$

　が成り立つことを示せ．

(3)　次の条件(i)，(ii)を満たす正の整数 n をすべて求めよ．

　(i)　n は素数であるか，または r 個の素数 $p_1,\ p_2,\ \cdots,\ p_r$（ただし r は 2 以上の整数で，$p_1 < p_2 < \cdots < p_r$）を用いて $n = p_1 \times p_2 \times \cdots \times p_r$ と表される．

　(ii)　$\sigma(n) = 72$ が成り立つ．

61　→ 解答 p.174

自然数 n に対して，n のすべての正の約数(1 と n を含む)の和を $S(n)$ とおく．例えば，$S(9)=1+3+9=13$ である．このとき，以下の各問いに答えよ．

(1)　n が異なる素数 p と q によって $n=p^2q$ と表されるとき，$S(n)=2n$ を満たす n をすべて求めよ．

(2)　a を自然数とする．$n=2^a-1$ が $S(n)=n+1$ を満たすとき，a は素数であることを示せ．

(3)　a を 2 以上の自然数とする．$n=2^{a-1}(2^a-1)$ が $S(n)≦2n$ を満たすとき，n の 1 の位は 6 か 8 であることを示せ．

62　→ 解答 p.178

O を原点とする座標平面において，第 1 象限に属する点 $P(\sqrt{2}\,r,\ \sqrt{3}\,s)$($r$, s は有理数)をとるとき，線分 OP の長さは無理数となることを示せ．

63　→ 解答 p.180

整数 a, b, c に対し，$S=a^3+b^3+c^3-3abc$ とおく．

(1)　$a+b+c=0$ のとき，$S=0$ であることを示せ．

(2)　$S=2022$ をみたす整数 a, b, c は存在しないことを示せ．

(3)　$S=63$ かつ $a≦b≦c$ をみたす整数の組 $(a,\ b,\ c)$ をすべて求めよ．

64　→ 解答 p.183

p を 2 以上の整数とし，$a=p+\sqrt{p^2-1}$，$b=p-\sqrt{p^2-1}$ とする．以下の問に答えよ．

(1)　a^2+b^2 と a^3+b^3 がともに偶数であることを示せ．

(2)　n を 2 以上の整数とする．a^n+b^n が偶数であることを示せ．

(3)　正の整数 n について，$[a^n]$ が奇数であることを示せ．ただし，実数 x に対して，$[x]$ は $m\leqq x<m+1$ を満たす整数 m を表す．

65　→ 解答 p.185

整数 x，y が $x^2-2y^2=1$ をみたすとき，次の問に答えよ．

(1)　整数 a，b，u，v が $(a+b\sqrt{2})(x+y\sqrt{2})=u+v\sqrt{2}$ をみたすとき，u，v を a，b，x，y で表せ．さらに $a^2-2b^2=1$ のときの u^2-2v^2 の値を求めよ．

(2)　$1<x+y\sqrt{2}\leqq3+2\sqrt{2}$ のとき，$x=3$，$y=2$ となることを示せ．

(3)　自然数 n に対して，$(3+2\sqrt{2})^{n-1}<x+y\sqrt{2}\leqq(3+2\sqrt{2})^n$ のとき，$x+y\sqrt{2}=(3+2\sqrt{2})^n$ を示せ．

66　→ 解答 p.189

数列 $\{a_n\}$ を次のように定める．
$$a_1=1,\quad a_{n+1}=a_n^2+1\ (n=1,\ 2,\ 3,\ \cdots)$$

(1)　正の整数 n が 3 の倍数のとき，a_n は 5 の倍数となることを示せ．

(2)　k，n を正の整数とする．a_n が a_k の倍数となるための必要十分条件を k，n を用いて表せ．

(3)　a_{2022} と $(a_{8091})^2$ の最大公約数を求めよ．

第 2 部

実践編
解 答

37 素数を6で割った余り

次の問いに答えよ.

(1) 5以上の素数は,ある自然数 n を用いて $6n+1$ または $6n-1$ の形で表されることを示せ.

(2) N を自然数とする. $6N-1$ は, $6n-1$ (n は自然数) の形で表される素数を約数にもつことを示せ.

(3) $6n-1$ (n は自然数) の形で表される素数は無限に多く存在することを示せ.

(千葉大)

精 講　$6n-1$, $6n+1$ を見れば, 6で割った余りに注目していることがわかります.

5以上の自然数全体を6で割った余りで分類して

$$6n-1, \quad 6n, \quad 6n+1, \quad 6n+2, \quad 6n+3, \quad 6n+4$$

と表すと

$$6n=2\cdot3n, \quad 6n+2=2(3n+1),$$
$$6n+3=3(2n+1), \quad 6n+4=2(3n+2)$$

の4つは素数になりえません.

← n を自然数として, 5以上の自然数を表すから $6n-1$ からスタートしています.

このことから, $6N-1$ (5以上の自然数)がもつ素因数は $6n-1$ または $6n+1$ の形をしていることになります. したがって, (2)は「$6n+1$ の形の素因数だけをもつような $6N-1$ は**存在しない**」ことの証明といい換えられ, **背理法**の出番です.

(3)は, **4 背理法** (2)で解説している「素数が無限個存在することの証明」の応用です.

← 存在しないことの証明は**背理法**でしたね!

解　答

(1) 自然数全体を6で割った余りで分類した

$$6n-1, \quad 6n, \quad 6n+1, \quad 6n+2, \quad 6n+3, \quad 6n+4$$

のうち $6n$, $6n+2$, $6n+3$, $6n+4$ は2または3で割り切れるから, 5以上の素数は

$$6n-1, \quad 6n+1$$

の形をしている.

← 例えば
$$5=6\cdot1-1$$
$$13=6\cdot2+1$$
など, 実際に存在しています.

(2) $6N-1$ は2でも3でも割り切れないので5以上

の素数を約数にもつ.

(1)より, 5 以上の素数は $6n-1$ または $6n+1$ と表される.

よって, $6N-1$ が $6n-1$ の形の素数では割り切れないと仮定すると, $6N-1$ の素因数分解は

$$6N-1=(6n_1+1)(6n_2+1)\cdots(6n_k+1)$$

と表せる. この右辺を展開・整理すれば, 自然数 K を用いて

$$(6n_1+1)(6n_2+1)\cdots(6n_k+1)=6K+1$$

と表せるから, 6 で割った余りは 1 である.

左辺の $6N-1$ を 6 で割った余りは 5 なので矛盾している.

したがって, $6N-1$ は $6n-1$ の形の素数を約数にもつ.

← $6n-1$ の形の素因数をもたないのだから, 素因数はすべて $6n+1$ の形をしていることになります.

(3) $6n-1$ の形の素数が有限個(k 個)であると仮定すると, それらは

$$6n_1-1,\ 6n_2-1,\ \cdots,\ 6n_k-1$$

と表せる. このとき

$$P=6(6n_1-1)(6n_2-1)\cdots(6n_k-1)-1$$

という自然数を考えると, これは

$$6n_1-1,\ 6n_2-1,\ \cdots,\ 6n_k-1$$

のどれでも割り切れない.

しかし, P は $P=6N-1$ の形をしているので, (2)より, $6n-1$ の形の素数を約数にもつ. よって, 矛盾している.

したがって, $6n-1$ の形の素数は無限に多く存在する.

← 背理法の仮定

← どれで割っても最後の -1 が残ってしまいますね.

補足⁺ (1)は「5 以上の素数が**あるとしたら**, $6n+1$ または $6n-1$ の形をしている」ことの証明なので, 他の可能性($6n,\ 6n+2,\ 6n+3,\ 6n+4$)がないことをいえば十分であり, 実際に $6n+1$ または $6n-1$ の形の素数が存在するかどうかの議論は必要ありません.

例えば, キミが友達を遊びに誘ったときに「行けるとしたら来週の土曜日だね」って答えられたとします. このときその友達は「行く」とは確約してませんよね.

> ## 38 平方数・立方数に含まれる素因数
>
> 　自然数 a, b, c が $3a=b^3$, $5a=c^2$ を満たし，d^6 が a を割り切るような
> 自然数 d は $d=1$ に限るとする.
>
> (1)　a は3と5で割り切れることを示せ.
>
> (2)　a の素因数は3と5以外にないことを示せ.
>
> (3)　a を求めよ.
>
> （東工大）

精 講　この問題は，**平方数に含まれるある素因数の個数は2の倍数，立方数に含まれるある素因数の個数は3の倍数**という感覚的に当然の事実をテーマとしています.

←**ex）** 25 に含まれる素因数 5 は 2 個，27 に含まれる素因数 3 は 3 個です.

　$3a=b^3$ から b^3 に素因数3が含まれていることが分かり，$5a=c^2$ から c^2 に素因数5が含まれていることがわかるので(1)は割と明らかです.

　(2)は存在しないことの証明なので，もちろん**背理法**の出番です.a が3と5以外の素因数 p をもつと仮定してスタートです.

←何に矛盾させるかというと，あやしい条件が問題文に書かれていますね.

　結局，a に含まれる素因数3の個数は $3a=b^3$ から（3の倍数）＋2個であり，$5a=c^2$ から偶数個であるとわかるので

2, 8, 14, 20, …

と絞り込めます.そして，条件「d^6 が a を割り切るような自然数 d は $d=1$ に限る」に注目して2に決定します.素因数5についても同様です.

←あわせて，$6k+2$ 個ということです.

解　答

(1)　$3a=b^3$ から，b^3 は3の倍数である.
　　よって，b は3の倍数なので
$b=3B$ （B：自然数）
とおける.
　　$3a=b^3$ に代入すると

$$3a=(3B)^3 \qquad \therefore \quad a=9B^3$$

したがって，a は 3 で割り切れる．

次に，$5a=c^2$ から，c^2 は 5 の倍数である．

よって，c は 5 の倍数なので

$$c=5C \quad (C：自然数)$$

とおける．

$5a=c^2$ に代入すると

$$5a=(5C)^2 \qquad \therefore \quad a=5C^2$$

したがって，a は 5 で割り切れる．

(2) a が 3 と 5 以外の素因数 p をもつと仮定する．

このとき，$a=p^n A(A，n：自然数)$ とおける．

$3a=b^3$ に代入すると，$3p^n A=b^3$ となるので n は 3 の倍数である．

$5a=c^2$ に代入すると，$5p^n A=c^2$ となるので n は 2 の倍数である．

よって，n は 6 の倍数なので

$$n=6N \quad (N：自然数)$$

とおけて，$a=p^{6N}A$ と表せるが，p は素数だから条件「d^6 が a を割り切るような自然数 d は $d=1$ に限る」に矛盾する．

ゆえに，a は 3 と 5 以外の素因数をもたない．

◆ p の個数に注目して矛盾を導きたいから，p の個数を n とおいたのです．

◆ この条件をいい換えると「すべての素因数は 5 個以下」です．

(3) 以上から，$a=3^l \cdot 5^m(l，m：5$ 以下の自然数$)$ とおける．

$3a=b^3$ から，$3^{l+1} \cdot 5^m=b^3$ とできるので，$l+1$ と m はともに 3 の倍数である．

$5a=c^2$ から，$3^l \cdot 5^{m+1}=c^2$ とできるので，l と $m+1$ はともに 2 の倍数である．

$l，m$ が 5 以下の自然数であることとあわせて

$$l=2, \quad m=3$$

であるから

$$a=3^2 \cdot 5^3=\mathbf{1125}$$

◆ ここまで来れば，あとは 3 と 5 を何個ずつ含むかだけが問題です．

39　$(n-1)!$ が n で割り切れる条件

n を 2 以上の自然数とする.

(1)　n が素数または 4 のとき, $(n-1)!$ は n で割り切れないことを示せ.

(2)　n が素数でなくかつ 4 でもないとき, $(n-1)!$ は n で割り切れることを示せ.

（東工大）

精 講　n が素数のとき, $(n-1)!$ を割り切れないことは明らかですね. $n=4$ のときは実際に調べれば十分です.

←**ex)** 5 で 4! は割り切れない.

問題は(2)です. 少し実験してみましょう.

$n=6(=2 \cdot 3)$ の場合

$(n-1)!=5 \cdot 4 \cdot 3 \cdot 2 \cdot 1$ となり, 6 を直接含むわけではありませんが, 2 と 3 を含むので, 確かに 6 で割り切れます.

$n=9(=3^2)$ の場合

$(n-1)!=8 \cdot 7 \cdot 6 \cdot 5 \cdot 4 \cdot 3 \cdot 2 \cdot 1$ となり, やはり 9 を直接含むわけではありませんが, 6 と 3 を含むので, 確かに 9 で割り切れます.

←3 の倍数が 2 個含まれているということです.

これで示すべき道筋が見えたでしょうか？

要するに, **n の因数がすべて $n-1$, $n-2$, …, 3, 2, 1 のどこかに現れる**ことを示せばよいのです.

解　答

(1)　n が素数のとき, 1, 2, 3, …, $n-1$ はすべて n と互いに素なので, $(n-1)!$ は n で割り切れない.

$n=4$ のとき, $(n-1)!=3!=6$ なので $n=4$ で割り切れない.

←素数 n と, それより小さい自然数との最大公約数は 1 です.

(2)　n が素数でなくかつ 4 でもないとき, n は 6 以上の合成数だから, 2 以上の自然数 p と 3 以上の自然数 q（ただし, $p \leqq q$）を用いて

$$n = pq$$

とおける．このとき，$(n-1)! = (pq-1)!$ である．

◀合成数の置き方の基本です．ちなみに，この p，q は素数とは限りません．

i) $2 \leqq p < q$ の場合

　$p < q < pq = n$ から，p と q はともに $pq-1$

　以下の異なる 2 数なので，$(n-1)!$ は n で割り切

　れる．

ii) $2 < p = q$ の場合

　$p(p-2) < p(p-1) < p^2 = n$ から，

　1，2，$\cdots$，$n-1 = p^2-1$ の中に p の倍数が 2 個

　以上含まれるので，$(n-1)!$ は n で割り切れる．

以上から，題意は示された．

補足⁺　本問で示したことは

　(1)　n が素数または 4　　　　　　　　$\Longrightarrow$ $(n-1)!$ は n で割り切れない

　(2)　n が素数でなくかつ 4 でもない $\Longrightarrow$ $(n-1)!$ は n で割り切れる

ですが，この 2 つを示したことでそれぞれの逆命題

　(1)′　n は素数または 4　　　　　　　　$\Longleftarrow$ $(n-1)!$ が n で割り切れない

　(2)′　n は素数でなくかつ 4 でもない $\Longleftarrow$ $(n-1)!$ が n で割り切れる

も示したことになります．

　一般的に，命題「A ならば P」と「B ならば Q」が成立して，仮定 A，B がすべての場合をとりつくしていて，なおかつ結論 P，Q が重複していなければ，逆命題「P ならば A」と「Q ならば B」も成立することになります．（3 つ以上の命題でも同様です．）

　この論法を**転換法**といいます．これは，「P ならば A でない」とすると，A と B がすべての場合をとりつくしているから「P ならば B」となり，「B ならば Q」とあわせて「P ならば Q」となるから，結論 P，Q が重複していないことに矛盾するという論法です．

　まぁ，大雑把にいえば

すべての場合を調べたから，逆の成立も分かる

ということです．

40 約数の和

正の整数 n に対して，その（1と自分自身も含めた）すべての正の約数の和を $s(n)$ と書くことにする．このとき，次の問いに答えよ．

(1) k を正の整数，p を3以上の素数とするとき，$s(2^k p)$ を求めよ．

(2) $s(2016)$ を求めよ．

(3) 2016 の正の約数 n で，$s(n)=2016$ となるものをすべて求めよ．

(名古屋大)

精 講 (1)，(2)で何をしたらよいかわからない人は，もう一度**第1部基本テーマ編**を復習しましょう．難しい問題を解けば成績が上がるというわけではありませんよ．まずは地道に土台を固めてください．

← 直接的には **6** 約数の個数と総和が関係します．

さて，(3)は「2016 の正の約数 n」だから，n に含まれる素因数は 2，3，7 の3種類です．したがって，その素因数がそれぞれ何個ずつ含まれるのかを知りたいので，それぞれの個数を文字でおいてスタートです．

← 2016 の素因数分解は(2)で実行しているはずです．

解 答

(1) $2^k p$ の正の約数の和は，p が2とは異なる素数であることに注意して
$$s(2^k p)=(1+2+2^2+2^3+\cdots+2^k)(1+p)$$
$$=\frac{2^{k+1}-1}{2-1}(1+p)$$
$$=(2^{k+1}-1)(p+1)$$

← p が素数であることに注意しましょう．

(2) $2016=2^5\cdot3^2\cdot7$ と素因数分解できるから
$$s(2016)$$
$$=(1+2+2^2+2^3+2^4+2^5)(1+3+3^2)(1+7)$$
$$=\frac{2^6-1}{2-1}\cdot\frac{3^3-1}{3-1}\cdot8$$
$$=6552$$

← 2016 は絶妙な数字ですね．毎年「西暦問題」はどこかで出題されるので，素因数分解を確認しておくとよいでしょう．

(3) 2016 の正の約数 n は $n=2^x\cdot3^y\cdot7^z$ と表せる．

このとき
$$s(n)=(1+2+2^2+\cdots+2^x)(1+3+3^2+\cdots+3^y)$$
$$\times(1+7+7^2+\cdots+7^z)$$
$$=\frac{2^{x+1}-1}{2-1}\cdot\frac{3^{y+1}-1}{3-1}\cdot\frac{7^{z+1}-1}{7-1}$$
$$=\frac{1}{12}(2^{x+1}-1)(3^{y+1}-1)(7^{z+1}-1)$$

と表せる.

ただし x, y, z はそれぞれ
$$0\le x\le 5,\ \ 0\le y\le 2,\ \ 0\le z\le 1$$
を満たす整数である.

この $s(n)$ が 2016 に等しいとすると
$$(2^{x+1}-1)(3^{y+1}-1)(7^{z+1}-1)=2^7\cdot3^3\cdot7\ \ \cdots\cdots①$$

←これを満たす x, y, z を探すのですが,全部調べようとするとパターンが多すぎます.

x, y, z の範囲に注意すると,左辺の因数で 7 の倍数になるのは
$$2^3-1=7,\ \ 2^6-1=63$$
だけだから,$x=2$, 5 である.

←$3^{y+1}-1$ が 7 の倍数になるのは最小で
$$3^6-1=728$$
であり,$0\le y\le2$ に不適.

ⅰ) $x=2$ のとき,①から
$$(3^{y+1}-1)(7^{z+1}-1)=2^7\cdot3^3$$
となり,$3^{y+1}-1$ は 3 の倍数になりえないから $7^{z+1}-1$ が $3^3=27$ の倍数となる.

しかし,これは z の範囲に適さない.

←$0\le z\le1$ から
$$7^{z+1}-1=6,\ 48$$
しかありえません.

ⅱ) $x=5$ のとき,①から
$$(3^{y+1}-1)(7^{z+1}-1)=2^7\cdot3$$
$7^1-1=6$,$7^2-1=48$ だから,適する y, z の組は $(y,\ z)=(1,\ 1)$ だけである.

以上から,求める n は $(x,\ y,\ z)=(5,\ 1,\ 1)$ のときで
$$n=2^5\cdot3^1\cdot7^1=\textbf{672}$$

←$7^1-1=6$ を採用すると
$$3^{y+1}-1=2^6=64$$
$$\therefore\ \ 3^{y+1}=65$$
となり,不適です.

参考〉 $s(n)=2n$ が成り立つような自然数 n を**完全数**といいます.いい換えれば,その数自身を除く正の約数の総和がその数自身と等しい自然数のことです.

ex) $6=1+2+3$ ($\Longleftrightarrow$ $1+2+3+6=2\cdot6$)

$28=1+2+4+7+14$ ($\Longleftrightarrow$ $1+2+4+7+14+28=2\cdot28$)

だから,6 月 28 日は世界中の数学者たちがソワソワしているとか,していないとか….

ちなみに,奇数の完全数はまだ見つかっていないし,「存在しない」という証明もなされていないそうです.

41　累乗と指数を割った余りの対応

k, m, n を自然数とする．以下の問いに答えよ．

(1) 2^k を7で割った余りが4であるとする．このとき，k を3で割った余りは2であることを示せ．

(2) $4m+5n$ が3で割り切れるとする．このとき，2^{mn} を7で割った余りは4ではないことを示せ．

（千葉大）

精 講　この問題は(1)の聞き方が少しイジワルです．素直に $2^k=7l+4$ なんておいても，これ以上どうしようもありません．この命題の逆を示すのであれば，$k=3k'+2$ とでもおいて話が進みそうですけど…．

このように余りで分類する問題で，逆向きの命題の方がラクに示せそうなときは，**問題で指定されている余りだけでなく全部のパターンを調べてしまえばよい**のです．例えば3で割った余りは0，1，2の3パターンしかないのだから，全部調べてもたいした労力ではありません．（どうせ同様な計算が出てくるだけですし．）

そうすることで，全パターンの対応が証明されて，結果的に題意も示されることになるのです．

(2)は，条件を満たす m, n の組を求め，積 mn を(1)の k と見ればよいだけです．

← $k=3k'+2$ とおいただけでは，他の場合からもたどり着いてしまうかも…

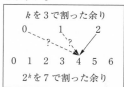

← 全パターン調べれば，対応が確定！

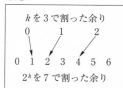

解　答

(1)　k を3で割った余りで分類して
$$k=3k', \ 3k'+1, \ 3k'+2 \ (k' : 整数)$$
とおくと，順に
$$2^k=2^{3k'}, \qquad 2^{3k'+1}, \qquad 2^{3k'+2}$$
$$=8^{k'}, \qquad 2\cdot 8^{k'}, \qquad 4\cdot 8^{k'}$$
$$=(7+1)^{k'}, \ 2(7+1)^{k'}, \ 4(7+1)^{k'}$$
である．二項定理により

← 目標が7で割った余りを調べることだから
$$8^{k'}=(7+1)^{k'}$$
として，二項定理です．
33 二項定理の利用

$$(7+1)^{k'}=7K+1 \ (K:整数)$$

とできるから

$$2^k=7K+1, \ 2(7K+1), \ 4(7K+1)$$
$$=7K+1, \ 7\cdot2K+2, \ 7\cdot4K+4$$

よって

k を3で割った余りが2

$\Longleftrightarrow 2^k$ を7で割った余りが4

であるから，題意は示された.

← **39** の 補足 に書いた**転換法**です．でも，そんなこと知らなくてもこの解答の意味は分かりますよね？

(2) $4m+5n$ が3で割り切れるような m, n を，3で割った余りの組は

$$(0, 0), \ (1, 1), \ (2, 2)$$

であり，このとき mn を3で割った余りはそれぞれ 0, 1, 1 である.

よって，(1)により，2^{mn} を7で割った余りは1または2であり，題意は示された.

n を3で割った余り

		0	1	2
m を3で割った余り	0	0	2	1
	1	1	0	2
	2	2	1	0

$4m+5n$ を3で割った余り

補足[＋] 本問は対偶をとって

(1) k を3で割った余りが2でないならば，2^k を7で割った余りは4でない

(2) 2^{mn} を7で割った余りが4ならば，$4m+5n$ は3で割り切れない

を示してもよいでしょう.

しかし，この場合(1)で $k=3k', \ 3k'+1$ とおくわけですよね．それなら，もう1つぐらい増えても手間は変わりません．(2)も，結局は解答の右側にかいた表と同じようなものを考えることになるので，特にメリットはありません.

42 漸化式と剰余類

以下の問いに答えよ.

(1) n を正の整数とし, 3^n を 10 で割った余りを a_n とする. a_n を求めよ.

(2) n を正の整数とし, 3^n を 4 で割った余りを b_n とする. b_n を求めよ.

(3) 数列 $\{x_n\}$ を次のように定める.

$$x_1 = 1, \quad x_{n+1} = 3^{x_n} \quad (n = 1, 2, 3, \cdots)$$

x_{10} を 10 で割った余りを求めよ.

(東　大)

精 講 (1)はそれなりの聞き方をすれば, 小学生でもわかる問題ですよ. 今までの流れもあるので, n を分類したり二項定理を使ったりと試したかもしれませんが, **10 で割った余りは一の位の数字**です. そして, それは実験してみればすぐにわかります.

$\{3^n\}$: 3, 9, 27, 81, 243, 729, 2187, $\cdots$

一の位の数字の周期性が見えましたね.

◀ 一の位の数字だけ並べると
3, 9, 7, 1, 3, 9, 7, $\cdots$

(2)も実験してみれば周期性が見えてきますが, これは $3 = 4 - 1$ として二項定理です. 筆者は

±1 を作りやすいときは二項定理

と考えています. (1)も n の偶奇を分けて

$$3^{2k} = 9^k = (10-1)^k$$
$$3^{2k+1} = 3 \cdot 9^k = 3(10-1)^k$$

とするなら二項定理もアリですが, わざわざそこまでしなくても…という感じです.

◀ ±1 でなくても二項定理を使う場合がありますが, ±1 のときは特に二項定理を優先するという意味です.

(3)は, (1), (2)をうまく利用しましょう.

$$(x_{10} = 3^{x_9} \text{ を10で割った余り}) = a_{x_9}$$

だから, (1)の結果から x_9 を 4 で割った余りを知りたいのです. さらに

$$(x_9 = 3^{x_8} \text{ を 4 で割った余り}) = b_{x_8}$$

だから, 今度は(2)の結果から x_8 の偶奇を知りたいのです.

◀ (1)から, a_n は n を 4 で割った余りによって数値が決定する数列です.

◀ (2)から, b_n は n の偶奇によって数値が決定する数列です.

解 答

(1) 3^n の一の位は 3, 9, 7, 1 の繰り返しなので, k を整数として
$$a_n=\begin{cases} 3 & (n=4k+1 \text{ のとき}) \\ 9 & (n=4k+2 \text{ のとき}) \\ 7 & (n=4k+3 \text{ のとき}) \\ 1 & (n=4k \text{ のとき}) \end{cases}$$

← この周期性をきちんと証明するなら
$$3^{n+4}-3^n=3^n(3^4-1)$$
$$=3^n\cdot 8\cdot 10$$
から, 3^{n+4} と 3^n は 10 で割った余りが等しいと示します.

(2) 二項定理により
$$3^n=(4-1)^n=4K+(-1)^n \quad (K:\text{整数})$$
とできるから
$$b_n=\begin{cases} 3 & (n:\text{奇数}) \\ 1 & (n:\text{偶数}) \end{cases}$$

← 二項定理のこの使い方にはもう慣れましたか?

(3) $x_8=3^{x_7}$ は奇数だから, $x_9=3^{x_8}$ を 4 で割った余りは $b_{x_8}=3$ である.
　　したがって, x_{10} を 10 で割った余り a_{x_9} は
$$a_{x_9}=7$$

← 数列 $\{x_n\}$ の各項が自然数値をとることは明らかでしょう.

補足 　結局, x_n は必ず奇数だから, $x_{n+1}=3^{x_n}$ を 4 で割った余りはつねに 3 で, したがって $x_{n+2}=3^{x_{n+1}}$ を 10 で割った余りはつねに 7 です. つまり, x_n を 10 で割った余りは順に
$$1, 3, 7, 7, 7, 7, \cdots$$
と, 第 3 項からはすべて 7 です.

43 剰余類と十進法

　自然数 n に対して，10^n を 13 で割った余りを a_n とおく．a_n は 0 から 12 までの整数である．以下の問いに答えよ．

(1)　a_{n+1} は $10a_n$ を 13 で割った余りに等しいことを示せ．

(2)　a_1, a_2, $\cdots$, a_6 を求めよ．

(3)　以下の 3 条件を満たす自然数 N をすべて求めよ．

　(ⅰ)　N を十進法で表示したとき 6 桁となる．

　(ⅱ)　N を十進法で表示して，最初と最後の桁の数字を取り除くと 2016 となる．

　(ⅲ)　N は 13 で割り切れる．

（九　大）

精│講　13 で割った余りが等しいことと，差が 13 の倍数であることが同値でしたね．　　◀ **36** 漸化式の利用参照
したがって(1)は，$10^{n+1}-10a_n$ が 13 の倍数になることを示すのが目標です．これを示せば（結果は問題文に書いてあるから示さなくても？）この結果を利用して(2)が効率よく求められます．
　(3)は条件(ⅰ)，(ⅱ)から

$$N = \begin{array}{|c|c|c|c|c|c|} \hline x & 2 & 0 & 1 & 6 & y \\ \hline \end{array}_{(10)}$$

（上に 10^5, 10^4, 10^3, 10^2, 10^1, 1）　　◀ **第5章** 参照

とおけて，あとは条件(ⅲ)を考えるだけです．

解　答

(1)　定義から，整数 k を用いて
$$10^n = 13k + a_n$$
　と表せるので
$$10^{n+1} = 13 \cdot 10k + 10a_n$$
$$\therefore \quad 10^{n+1} - 10a_n = 13 \cdot 10k$$
　よって，10^{n+1} と $10a_n$ は 13 で割った余りが等しい．つまり，a_{n+1} は $10a_n$ を 13 で割った余りに等しい．

(2)　(1)の結果を利用して

$$a_1 = (10 \text{を} 13 \text{で割った余り}) = 10$$
$$a_2 = (100 \text{を} 13 \text{で割った余り}) = 9$$
$$a_3 = (90 \text{を} 13 \text{で割った余り}) = 12$$
$$a_4 = (120 \text{を} 13 \text{で割った余り}) = 3$$
$$a_5 = (30 \text{を} 13 \text{で割った余り}) = 4$$
$$a_6 = (40 \text{を} 13 \text{で割った余り}) = 1$$

←$10a_1 = 100 = 13 \cdot 7 + 9$
$10a_2 = 90 = 13 \cdot 6 + 12$
$10a_3 = 120 = 13 \cdot 9 + 3$
$10a_4 = 30 = 13 \cdot 2 + 4$
$10a_5 = 40 = 13 \cdot 3 + 1$

(3)　条件(ⅰ), (ⅱ)から

$$N = x2016y_{(10)} \quad (1 \leqq x \leqq 9, \ 0 \leqq y \leqq 9)$$

とおけるので

$$N = x \cdot 10^5 + 2 \cdot 10^4 + 1 \cdot 10^2 + 6 \cdot 10 + y$$

(2)の結果により，これを 13 で割った余りは

$$x \cdot 4 + 2 \cdot 3 + 1 \cdot 9 + 6 \cdot 10 + y = 4x + y + 75$$

を 13 で割った余りに等しい.

←和の余りは余りの和に依存
積の余りは余りの積に依存

さらに，$75 = 13 \cdot 5 + 10$ だから，N を 13 で割った余りは

$$4x + y + 10$$

を 13 で割った余りに等しい.

したがって，条件(ⅲ)から $4x + y + 10$ が 13 の倍数であればよく，$14 \leqq 4x + y + 10 \leqq 55$ だから，

$$4x + y + 10 = 26, \ 39, \ 52$$

の場合を調べれば十分である.

←$4x + y + 10$ は
$(x, y) = (1, 0)$ のとき最小
$(x, y) = (9, 9)$ のとき最大

$4x + y + 10 = 26$ すなわち $4x + y = 16$ のとき

$$(x, y) = (2, 8), \ (3, 4), \ (4, 0)$$

$4x + y + 10 = 39$ すなわち $4x + y = 29$ のとき

$$(x, y) = (5, 9), \ (6, 5), \ (7, 1)$$

$4x + y + 10 = 52$ すなわち $4x + y = 42$ のとき

$$(x, y) = (9, 6)$$

←1 次不定方程式ですが，型通りに解かなくても，範囲が決まっているので調べればすぐわかります.

以上から，求める自然数Nは

$$N = 220168, \ 320164, \ 420160,$$
$$520169, \ 620165, \ 720161, \ 920166$$

44 $ax+by$ が連続して表せる自然数の最小値

　0または正の整数 x, y を用いて $n=5x+11y$ と表される整数 n 全体の集合を A とする．A に属する整数のうち，小さい方から数えて3番目のものは ☐ ，4番目のものは ☐ である．また，9番目のものは ☐ である．

　m は整数であって，$n \geqq m$ を満たす整数 n はすべて A の要素であるという．このような整数 m のうち最小のものは ☐ である．

（明治大）

精講　x, y が整数なら，$5x+11y$ はすべての整数を表すことができます．しかし，0以上の整数という制限があるので，そうはいきません．そこで**実験してみる**と（解答の表）最初はトビトビだけど，大きくなるにつれて作れる n の値の間隔が狭くなっていくのがわかります．

　また，x の係数が5なので，x の値が1大きくなると（表において右にズレると）n は5大きくなります．

◀任意の n に対して
$x=-2n$, $y=n$
が解の1つになります．

解　答

　$n=5x+11y$ の値の一部は下の表の通り．

y＼x	0	1	2	3	4	5	6	7	8
0	0	5	10	15	20	25	30	35	㊵
1	11	16	21	26	31	36	㊶	46	51
2	22	27	32	37	㊷	47	52	57	62
3	33	38	㊸	48	53	58	63	68	73
4	㊹	49	54	59	64	69	74	79	84

◀右に進むごとに5ずつ増えていますね．
そして，○印の数字に注目すると…

　よって，集合 A の要素を小さい順に並べると

　0, 5, 10, 11, 15, 16, 20, 21, 22, 25, …

となるから

　3番目：**10**　　4番目：**11**　　9番目：**22**

である．

また，ある n を $5x+11y$ と表すことができたら
$$n+5=5(x+1)+11y$$
なので，x の値を 1 増やすことで $n+5$ を表すことができ，$n+5$ も集合 A に属する.

表から，連続 5 整数 40，41，42，43，44 が集合 A に属していることとあわせて，これらより大きい自然数はすべて集合 A に属する.　　　　　　　　　← 数学的帰納法と同じ理屈です．

39 は集合 A に属していないので，求める m の値は
$$m=40$$

[補足$^+$]　$5\cdot(-2)+11\cdot1=1$ から $5\cdot(-2n)+11\cdot n=n$ が成り立つから $5x+11y=n$ の解の 1 つは $x=-2n$，$y=n$ で，一般解は
$$\begin{pmatrix} x \\ y \end{pmatrix}=\begin{pmatrix} -2n \\ n \end{pmatrix}+k\begin{pmatrix} 11 \\ -5 \end{pmatrix} \quad (k：整数)$$
と表せます.

この x，y が 0 以上だから
$$-2n+11k\geqq0 \quad かつ \quad n-5k\geqq0 \qquad \therefore \quad 5k\leqq n\leqq\frac{11}{2}k$$

したがって
$$k=0 \ のとき，0\leqq n\leqq0 \ から \ n=0$$
$$k=1 \ のとき，5\leqq n\leqq\frac{11}{2} \ から \ n=5$$
$$k=2 \ のとき，10\leqq n\leqq11 \ から \ n=10，11$$
と順に n を求められます.

ゆえに，$5(k+1)-1\leqq\frac{11}{2}k$ となっていれば整数 n を連続してとることができます.

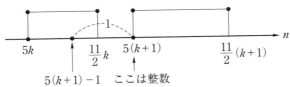

これを解くと
$$10(k+1)-2\leqq11k \qquad \therefore \quad 8\leqq k$$
となるから，$k\geqq8$ において n をずっと連続して求められることになるのです.

$k=8$ のとき，$40\leqq n\leqq44$ だから，題意の m の最小値は 40 となります.

45　3変数の不定方程式

l, m, n を3以上の整数とする. 等式

$$\left(\frac{n}{m}-\frac{n}{2}+1\right)l=2$$

を満たす l, m, n の組をすべて求めよ.　　　　　　　　(阪　大)

精 講　　3変数なので, まずは1文字の範囲を絞 ← **20** 逆数型参照
り込みたいのですが, 今回はやっぱり分
母にある m でしょう.「**分母が大きすぎると右辺に届
かない**」感覚です.（ただし, 本問は l がかけてある
ので単純ではありません.）

　例えば, $m=10$ とすると

$$\frac{n}{m}-\frac{n}{2}+1=\frac{n}{10}-\frac{n}{2}+1=-\frac{2n}{5}+1<0 \quad (\because \quad n\geqq 3)$$

となり, 与式を満たしません.

　このような実験をくり返すと, $m=6$ を境にして話
が変わることが分かるはずです.

解 答

$m\geqq 6$ とすると

$$\left(\frac{n}{m}-\frac{n}{2}+1\right)l\leqq\left(\frac{n}{6}-\frac{n}{2}+1\right)l=\left(1-\frac{n}{3}\right)l$$

ここで, $n\geqq 3$ から $\left(1-\frac{n}{3}\right)l\leqq 0$ となるので,

与式に矛盾する. よって, $m\leqq 5$ である.

← どこから手を付ければよいか
わかりにくい問題ですが, そ
んなときこそ定石や汎用性の
ある考え方が大切です！

ⅰ）$m=3$ のとき, 与式から

$$\left(\frac{n}{3}-\frac{n}{2}+1\right)l=2 \quad \therefore \quad (6-n)l=12$$

　$n\geqq 3$ から $6-n\leqq 3$ であることに注意して

← 2変数になってしまえば, あ
とは何とかなりますね.

$$\binom{l}{6-n}=\binom{12}{1}, \binom{6}{2}, \binom{4}{3} \quad \therefore \quad \binom{l}{n}=\binom{12}{5}, \binom{6}{4}, \binom{4}{3}$$

ⅱ）$m=4$ のとき, 与式から $\left(\dfrac{n}{4}-\dfrac{n}{2}+1\right)l=2 \quad \therefore \quad (4-n)l=8$

　$n\geqq 3$ から $4-n\leqq 1$ であることに注意して

$$\binom{l}{4-n}=\binom{8}{1} \qquad \therefore \quad \binom{l}{n}=\binom{8}{3}$$

ⅲ) $m=5$ のとき，与式から $\left(\dfrac{n}{5}-\dfrac{n}{2}+1\right)l=2$ $\therefore$ $(10-3n)l=20$

$n\geqq3$ から $10-3n\leqq1$ であることに注意して

$$\binom{l}{10-3n}=\binom{20}{1} \qquad \therefore \quad \binom{l}{n}=\binom{20}{3}$$

以上から，求める l, m, n の組は

$$\begin{pmatrix}l\\m\\n\end{pmatrix}=\begin{pmatrix}12\\3\\5\end{pmatrix},\begin{pmatrix}6\\3\\4\end{pmatrix},\begin{pmatrix}4\\3\\3\end{pmatrix},\begin{pmatrix}8\\4\\3\end{pmatrix},\begin{pmatrix}20\\5\\3\end{pmatrix}$$

[補足⁺]　与式を満たすためには

$$\frac{n}{m}-\frac{n}{2}+1>0$$

が必要なので，この分母を払って整理することで

$$(m-2)(n-2)<4$$

として，これを満たす m, n の組が

$$\binom{m}{n}=\binom{3}{3},\binom{3}{4},\binom{3}{5},\binom{4}{3},\binom{5}{3}$$

とわかります．このように解いてもよいでしょう．
（筆者がこの解法に気づいたのは，出題後3年ぐらい経ったときでした…）

[参考]　凸多面体において，頂点の総数 v，辺の総数 e，面の総数 f の間に
$$v-e+f=2 \quad\cdots\cdots(*)$$
という等式が成り立ちます．これを**オイラーの多面体定理**といいます．

　また，正多面体の「面の総数」を l，「1つの頂点のまわりに集まる面の個数」を m，「1つの面のまわりの頂点の個数（これは辺の個数も等しい）」を n とするとき

$$v=\frac{ln}{m},\ e=\frac{ln}{2},\ f=l$$

と表せます．これは，分母の m と2によって「重複度で割っている」ので成り立ちます．これらを上の $(*)$ に代入すると

$$\frac{ln}{m}-\frac{ln}{2}+l=2 \qquad \therefore \quad \left(\frac{n}{m}-\frac{n}{2}+1\right)l=2$$

となり，本問の等式が現れます．つまり，答えとして得られた5組は，すべての正多面体のことを表しています．実際，正多面体は，**正4面体，正6面体，正8面体，正12面体，正20面体**の5種類しか存在しません．

46　三角形の3辺が作る不定方程式

　1つの角が 120° の三角形がある. この三角形の3辺の長さ x, y, z は $x<y<z$ を満たす整数である.

(1)　$x+y-z=2$ を満たす x, y, z の組をすべて求めよ.

(2)　$x+y-z=3$ を満たす x, y, z の組をすべて求めよ.

(3)　a, b を0以上の整数とする. $x+y-z=2^a3^b$ を満たす x, y, z の組の個数を a と b の式で表せ.

(一橋大)

精講　三角形の1つの内角と3辺の長さが与えられているので, とりあえず余弦定理です. これと各設問ごとの条件式とから1文字消去できます. そのとき, 不等式 $x<y<z$ からも消去するのを忘れずに!

◀(1), (2)ではあまり必要ありませんが, (3)では重要です.

　(3)は x, y, z の組自体を答えるのではなく, 組の個数を求める問題ですが, これは**約数の個数に帰着**されます.

　例えば
$$xy=6 \quad (x<y)$$
を満たす自然数 x, y の組は
$$\binom{x}{y}=\binom{1}{6}, \ \binom{2}{3}$$
の2組です.

　もし, $x<y$ という条件が無かったら
$$\binom{x}{y}=\binom{1}{6}, \ \binom{2}{3}, \ \binom{3}{2}, \ \binom{6}{1}$$
の4組のはずです. この x の値は等式の右辺6の約数を拾い上げているのだから
$$(x\text{の値の個数})=(6\text{の正の約数の個数})=4$$
という関係が成り立ちます.

　したがって, $x<y$ という条件が付くことで
$$(x\text{の値の個数})=(6\text{の正の約数の個数})\div 2=2$$
となっているのです.

◀右辺が平方数なら, 約数の個数から1を引いてから2で割ることになります.

解 答

(1) 最大辺の長さが z だから，余弦定理により
$$z^2 = x^2 + y^2 - 2xy\cos 120°$$
$$\therefore \quad z^2 = x^2 + y^2 + xy \quad \cdots\cdots ①$$

$x + y - z = 2$ から $z = x + y - 2$ なので，①に代入すれば
$$(x + y - 2)^2 = x^2 + y^2 + xy$$
$$\Longleftrightarrow xy - 4x - 4y + 4 = 0$$
$$\Longleftrightarrow (x - 4)(y - 4) = 12$$

また，$x < y < z$ から
$$y < x + y - 2 \quad \therefore \quad 2 < x$$
なので，$-2 < x - 4 < y - 4$ に注意して
$$\begin{pmatrix} x-4 \\ y-4 \end{pmatrix} = \begin{pmatrix} 1 \\ 12 \end{pmatrix}, \begin{pmatrix} 2 \\ 6 \end{pmatrix}, \begin{pmatrix} 3 \\ 4 \end{pmatrix}$$
$$\therefore \quad \begin{pmatrix} x \\ y \end{pmatrix} = \begin{pmatrix} 5 \\ 16 \end{pmatrix}, \begin{pmatrix} 6 \\ 10 \end{pmatrix}, \begin{pmatrix} 7 \\ 8 \end{pmatrix}$$

$z = x + y - 2$ とあわせて
$$\begin{pmatrix} x \\ y \\ z \end{pmatrix} = \begin{pmatrix} 5 \\ 16 \\ 19 \end{pmatrix}, \begin{pmatrix} 6 \\ 10 \\ 14 \end{pmatrix}, \begin{pmatrix} 7 \\ 8 \\ 13 \end{pmatrix}$$

← $(-2)^2 = 4 < 12$ だから，$x-4$ と $y-4$ が負になる場合は考える必要がありませんね.

(2) $x + y - z = 3$ から $z = x + y - 3$ なので，①に代入すれば
$$(x + y - 3)^2 = x^2 + y^2 + xy$$
$$\Longleftrightarrow xy - 6x - 6y + 9 = 0$$
$$\Longleftrightarrow (x - 6)(y - 6) = 27$$

また，$x < y < z$ から
$$y < x + y - 3 \quad \therefore \quad 3 < x$$
なので，$-3 < x - 6 < y - 6$ に注意して
$$\begin{pmatrix} x-6 \\ y-6 \end{pmatrix} = \begin{pmatrix} 1 \\ 27 \end{pmatrix}, \begin{pmatrix} 3 \\ 9 \end{pmatrix}$$
$$\therefore \quad \begin{pmatrix} x \\ y \end{pmatrix} = \begin{pmatrix} 7 \\ 33 \end{pmatrix}, \begin{pmatrix} 9 \\ 15 \end{pmatrix}$$

$z=x+y-3$ とあわせて

$$\begin{pmatrix} x \\ y \\ z \end{pmatrix} = \begin{pmatrix} 7 \\ 33 \\ 37 \end{pmatrix}, \quad \begin{pmatrix} 9 \\ 15 \\ 21 \end{pmatrix}$$

(3)　$k=2^a 3^b$ とおく.

　　$x+y-z=k$ から $z=x+y-k$ なので，①に代入すれば

$$(x+y-k)^2 = x^2+y^2+xy$$
$$\Longleftrightarrow xy-2kx-2ky+k^2=0$$
$$\Longleftrightarrow (x-2k)(y-2k)=3k^2$$

また，$x<y<z$ から

$$y<x+y-k \qquad \therefore \quad k<x$$

なので，$-k<x-2k<y-2k$ である.

　　ここで，$x-2k<y-2k\leqq 0$ とすると

$$k^2 > (x-2k)(y-2k)=3k^2$$

となり不適だから，$0<x-2k<y-2k$ である.

　　したがって，求める組の個数は $3k^2=3\cdot 2^{2a}\cdot 3^{2b}$ の正の約数の個数の半分である. つまり

$$\frac{1}{2}(2a+1)(2b+2)=(2a+1)(b+1) \quad (個)$$

← 最初にこの k とおいて議論しておいて，(1)では $k=2$, (2)では $k=3$ としてもよいでしょう.

← 負の組が無いことの論証が少し難しいですね.

47 素 数

素数 p, q を用いて $p^q + q^p$ と表される素数をすべて求めよ.

（京　大）

精講　こういうシンプルな問題は，受験生からするとヒントが少なくて解きにくいと感じるかもしれません. でも，ちゃんとヒントが書いてあるじゃないですか.「素数」って.

← 計算力ではなく，思考力や論理の正確性を鍛えるにはこういう問題が最適です.

素数はほとんどが奇数でしたね. 例外は 2 だけです. ということは，$p^q + q^p$ はほとんどの場合

$$(奇数) + (奇数) = (偶数)$$

となり，素数になりえません.

あとは，本書による経験が活きてくるのではないでしょうか？

← **13** 素数になる・ならない

解 答

まず，p, q の偶奇が一致していれば，$p^q + q^p$ は 2 より大きい偶数になるから素数になりえない.

よって，p は奇数かつ $q = 2$ としてよい.

このとき p を 3 より大きい素数として

$$p = 3k \pm 1 \quad (k：自然数)$$

とおけば

$$p^q + q^p$$
$$= (3k \pm 1)^2 + 2^p$$
$$= 9k^2 \pm 6k + 1 + (3-1)^p$$
$$= 3(3k^2 \pm 2k) + 1 + 3l + (-1)^p \quad (l：自然数)$$
$$= 3(3k^2 \pm 2k) + 1 + 3l + (-1) \quad (\because \; p：奇数)$$
$$= 3(3k^2 \pm 2k + l)$$

となり，これは 3 より大きい 3 の倍数だから素数になりえない.

← **37** のように $6k \pm 1$ とおいても構いません.

← 2^p は $(3-1)^p$ として，二項定理の出番です.

したがって，題意が成立するのは $p = 3$, $q = 2$ のときに限り

$$p^q + q^p = 3^2 + 2^3 = 17$$

は素数だから，求める素数は **17** である.

48　互いに素な 2 数の積

　3 以上 9999 以下の奇数 a で，a^2-a が 10000 で割り切れるものをすべて
求めよ．

（東　大）

精│講　条件「a^2-a が 10000 で割り切れる」
　　　　から，とりあえず
$$a^2-a=10000n \quad (n：自然数)$$
とおけて，左辺を因数分解して
$$a(a-1)=10000n$$
とするまでは問題ないでしょう．
　ここで

a と $a-1$ は互いに素

に気づかないと解けません．これがあるから，例えば
$$\binom{a}{a-1}=\binom{100p}{100q} \quad (p,\ q：自然数)$$
なんて可能性はないといえて，先に進めるのです．

$\leftarrow$ $a-(a-1)=1$ なので，
　a と $a-1$ の最大公約数を
　g とすれば，g は 1 の約数だ
　から
$$g=1$$
　です．

解　答

　a^2-a が 10000 で割り切れるとすると
$$a^2-a=10000n \quad (n：自然数)$$
$$\therefore\quad a(a-1)=2^4\cdot5^4n$$
とおける．さらに，a と $a-1$ は互いに素だから
$$\binom{a}{a-1}=\binom{5^4p}{2^4q},\ \binom{2^4r}{5^4s},\ \binom{2^4\cdot5^4t}{u},\ \binom{v}{2^4\cdot5^4w}$$
という形が考えられる．
　ここで，a は 3 以上 9999 以下の奇数なので
$$\binom{a}{a-1}=\binom{5^4p}{2^4q} \quad (p：奇数,\ q：自然数)$$
とおける．
　$a-(a-1)=1$ だから
$$5^4p-2^4q=1 \quad \cdots\cdots ①$$
　ここで
$$\begin{aligned}5^4&=(2^2+1)^4\\&=2^8+4\cdot2^6+6\cdot2^4+4\cdot2^2+1\\&=2^4(16+16+6+1)+1\end{aligned}$$

$p,\ q$ の 1 次不定方程式にな
ったので，とりあえず解の 1
$\leftarrow$ つを見つけます．

二項定理の活用！
もちろん，
$\leftarrow$ $5^4=625$ を $2^4=16$
で割ってもいいですよ．

$$=2^4 \cdot 39 + 1$$

から，①の解の1つは $p=1$, $q=39$ である．

よって，①の一般解は

$$\begin{pmatrix} p \\ q \end{pmatrix} = \begin{pmatrix} 1 \\ 39 \end{pmatrix} + k \begin{pmatrix} 16 \\ 625 \end{pmatrix} \quad (k：整数)$$

とできるから

$$a = 5^4 p = 625(1+16k)$$

であり，$3 \leqq a \leqq 9999$ に適するのは $k=0$ のときだけ
だから，求める a の値は $\boldsymbol{a=625}$ である．

別解 （$a=5^4 p$, $a-1=2^4 q$ としたあと）

$a-1=2^4 q$ から，$a=16q+1$ とできるので，
a を16で割った余りは1である．

また，$5^4 = 16 \cdot 39 + 1$ なので

$$\begin{aligned} a &= 5^4 p \\ &= (16 \cdot 39 + 1)p \\ &= 16 \cdot 39 p + p \end{aligned}$$

とできる．

したがって，p を16で割った余りは1である．
$3 \leqq a \leqq 9999 < 10000$ なので

$$3 \leqq 5^4 p < 10000 \qquad \therefore \quad 1 \leqq p < 16$$

以上から，適する p は $p=1$ だけなので，求める
a の値は

$$a = 5^4 \cdot 1 = \boldsymbol{625}$$

◆これに気づかなくても，a は
625の奇数倍だから，全部調
べてもそんなに時間はかかり
ません．

49 分数式が自然数を表す条件

x, y を自然数とする.

(1) $\dfrac{3x}{x^2+2}$ が自然数であるような x をすべて求めよ.

(2) $\dfrac{3x}{x^2+2}+\dfrac{1}{y}$ が自然数であるような組 (x, y) をすべて求めよ.

(北海道大)

精|講 分数式が自然数になるには

$$(\text{分母}) \leqq (\text{分子})$$

が**必要**です. 分数式の値が1以上になるときだから当然ですね. これで,（1）はすぐ解けます.

（2）は,（1）の条件を満たすときであれば

$$\dfrac{3x}{x^2+2}, \ \dfrac{3x}{x^2+2}+\dfrac{1}{y} \ \text{がともに自然数}$$

だから, $\dfrac{1}{y}$ も自然数で, つまり $y=1$ です.

（1）の条件を満たさないときは,（1）の計算から

$\dfrac{3x}{x^2+2}<1$ となることが分かります. よって $\dfrac{1}{y} \leqq 1$

とあわせて $\dfrac{3x}{x^2+2}+\dfrac{1}{y}<2$ だから, 自然数になると

したら1しかありません.

← もちろん, 例えば $\dfrac{4}{3}$ は自然数ではありません. あくまでも**必要条件**です.

←（1）が,（2）の場合分けのヒントになっています.

解 答

(1) $\dfrac{3x}{x^2+2}$ が自然数になるためには $x^2+2 \leqq 3x$ が

必要で, これを解くと

$$\begin{aligned}
x^2+2 \leqq 3x &\iff x^2-3x+2 \leqq 0 \\
&\iff (x-1)(x-2) \leqq 0 \\
&\iff 1 \leqq x \leqq 2
\end{aligned}$$

x は自然数なので $x=1, \ 2$ である.

$x=1$ のとき

$$\dfrac{3x}{x^2+2}=\dfrac{3}{1+2}=1$$

← あくまでも必要条件なので, この段階では $x=1, \ 2$ が答えとは確定できません.

となり自然数である.

$x=2$ のとき
$$\frac{3x}{x^2+2}=\frac{6}{4+2}=1$$
となり自然数である.

以上から, 求める x は $\boldsymbol{x=1, 2}$ である.

(2) (1)から, $x=1, 2$ のとき $\dfrac{3x}{x^2+2}=1$ なので,

$1+\dfrac{1}{y}$ が自然数になる y は $y=1$ である.

$x \geqq 3$ のとき $\dfrac{3x}{x^2+2}<1$ なので, $y \geqq 2$ が必要で

あり, $\dfrac{3x}{x^2+2}+\dfrac{1}{y}$ が取りうる自然数は 1 だけであ

る. よって
$$\frac{3x}{x^2+2}+\frac{1}{y}=1 \qquad \therefore \quad \frac{1}{y}=\frac{x^2-3x+2}{x^2+2}$$
$$\therefore \quad y=\frac{x^2+2}{x^2-3x+2}=1+\frac{3x}{x^2-3x+2}$$

y は自然数だから $x^2-3x+2 \leqq 3x$ が必要で
$$x^2-3x+2 \leqq 3x \qquad \therefore \quad x^2-6x+2 \leqq 0$$

$x \geqq 3$ に注意して, 適する自然数 x は
$x=3, 4, 5$ である.

$x=3$ のとき
$$y=1+\frac{9}{9-9+2}=1+\frac{9}{2}$$
となり自然数でない.

$x=4$ のとき
$$y=1+\frac{12}{16-12+2}=1+\frac{12}{6}=3$$
となり自然数である.

$x=5$ のとき
$$y=1+\frac{15}{25-15+2}=1+\frac{15}{12}=1+\frac{5}{4}$$
となり自然数でない.

以上から, 求める (x, y) は
$$\boldsymbol{(x, y)=(1, 1), (2, 1), (4, 3)}$$

◆ 整数問題に限らず, 分数式は
(分母の次数)>(分子の次数)
の形に変形するのが基本です.

◆ $f(x)=x^2-6x+2$ とすると
$f(3)=9-18+2=-7<0$
$f(4)=16-24+2=-6<0$
$f(5)=25-30+2=-3<0$
$f(6)=36-36+2=2>0$

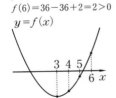

50　有理数解をもつ３次方程式

a, b を正の整数とする．方程式
$$2x^3 - ax^2 + bx + 3 = 0$$
が，１以上の有理数の解を持つような a の最小値は □ である．

（早　大）

精 講　本問は **26** ３次方程式の整数解(2)と同様に，１以上の有理数解があるとすれば
$$x = 1,\ \frac{3}{2},\ 3$$
のいずれかです．

◀ 左辺を因数分解したとき，定数項を考えると，例えば
$(x-2)(\quad)$
とはできません．

したがって，有理数解を $\dfrac{m}{n}$ とでもおいて，これが上記の３つの有理数になるであろうと予想しながらスタートです．（予想できているのと，予想できていないのとでは，解答の①式が得られたあとの見通しが違います．）

◀ 有理数をこのようにおくときは**既約分数**にしておくのが基本なので，m と n は**互いに素**であるとしておきます．

解　答

与方程式が $x = \dfrac{m}{n}$（m, n は互いに素な自然数で，$m \geqq n$ を満たす．）を解にもつとすれば
$$2\left(\frac{m}{n}\right)^3 - a\left(\frac{m}{n}\right)^2 + b \cdot \frac{m}{n} + 3 = 0$$
$$\therefore\quad 3n^3 = m(-2m^2 + amn - bn^2) \quad \cdots\cdots①$$
m, n は互いに素だから $m = 1$, 3 に限る．

i）$m = 1$ のとき，$m \geqq n$ から $n = 1$ で，①に代入すれば
$$3 = -2 + a - b \quad \therefore\quad a = b + 5$$
b は正の整数だから
$$a \geqq 6$$

◀ １以上だから $m \geqq n$ としておきます．ちなみに，１と１は最大公約数が１なので互いに素です．

◀ n^3 に含まれる素因数はすべて，m に含まれないということです．
例えば $m = 6$ とすると n^3 が２の倍数だから n が２の倍数になり，m と n が互いに素であることに反するのです．

ⅱ) $m=3$ のとき，m，n は互いに素で $m \geqq n$ だから，$n=1$，2 である.

$(m, n)=(3, 1)$ のとき，①から
$$3=3(-18+3a-b) \qquad \therefore \quad 3a=b+19$$
a，b は正の整数だから
$$3a \geqq 1+19 \qquad \therefore \quad a \geqq 7$$

$(m, n)=(3, 2)$ のとき，①から
$$3 \cdot 8=3(-18+6a-4b) \qquad \therefore \quad 3a=2b+13$$
b は正の整数だから
$$3a \geqq 2+13 \qquad \therefore \quad a \geqq 5$$

以上から，求める a の最小値は $a=5$ である.

[補足$^+$] 解答としてはこれで全く問題はないのですが，上記の論証を逆にたどれば，$a=5$ のとき $b=1$ であり，与方程式は
$$2x^3-5x^2+x+3=0 \qquad \therefore \quad (2x-3)(x^2-x-1)=0$$
となるから，確かに 1 以上の有理数解 $\dfrac{3}{2}$ をもちます. 念のため，このような確認をする習慣をつけておくべきでしょう.

51 3次式 $f(n)$ が整数であることの証明

実数 a, b, c に対して，3次関数 $f(x)=x^3+ax^2+bx+c$ を考える．このとき，次の問いに答えよ．

(1) $f(-1)$, $f(0)$, $f(1)$ が整数であるならば，すべての整数 n に対して，$f(n)$ は整数であることを示せ．

(2) $f(2010)$, $f(2011)$, $f(2012)$ が整数であるならば，すべての整数 n に対して，$f(n)$ は整数であることを示せ．

(新潟大)

精講 未定係数が a, b, c の3つなので，$y=f(x)$ のグラフの通過点が3点与えられれば，その係数 a, b, c は連立方程式を解くことで決定します．したがって，(1)は $(-1, p)$，$(0, q)$，$(1, r)$ の3点を通るとして，a, b, c を求めます．

← 題意から，この p, q, r は整数です．

しかし，その a, b, c が整数になるとは限らないので，もう一工夫が必要です．整数問題に限らず，**複数の文字がある式を，どの文字について整理するべきか**という感覚(or 試してみる姿勢)を養うことは大切ですよ．

(2)は，(1)に比べて条件が x 軸方向に 2011 移動しています．だったら逆に，**$y=f(x)$ のグラフを x 軸方向に -2011 平行移動**してあげれば，(1)と同じ条件になりますね．

← 一般的に，$y=f(x)$ を x 軸方向に α, y 軸方向に β 平行移動すると
$$y-\beta=f(x-\alpha)$$
になります．

解 答

(1) p, q, r を整数として
$$f(-1)=p, \quad f(0)=q, \quad f(1)=r$$
とおくと
$$\begin{cases} -1+a-b+c=p & \cdots\cdots\text{①} \\ c=q & \cdots\cdots\text{②} \\ 1+a+b+c=r & \cdots\cdots\text{③} \end{cases}$$
①，②から

← このおきかたに本質的な意味はありません．
$f(-1)$, $f(0)$, $f(1)$ のままだと見づらいから，p, q, r としただけです．

$$a-b=p-q+1 \qquad \cdots\cdots ④$$

②，③から

$$a+b=-q+r-1 \qquad \cdots\cdots ⑤$$

④，⑤を解くと

$$a=\frac{p-2q+r}{2}, \quad b=\frac{-p+r-2}{2}$$

このとき

$f(n)$

$=n^3+an^2+bn+c$

$=n^3+\dfrac{p-2q+r}{2}n^2+\dfrac{-p+r-2}{2}n+q$ ← n について整理した状態

$=n^3-n+\dfrac{p}{2}n(n-1)-q(n^2-1)+\dfrac{r}{2}n(n+1)$ ← p, q, r について整理した状態

とでき，$n(n-1)$，$n(n+1)$ は偶数だから，$f(n)$ は整数である.

← 連続2整数の積は2の倍数（**14** 倍数の証明参照）

(2) $g(x)=f(x+2011)$ とおくと，この $g(x)$ は x^3 の係数が1の3次関数で，$g(-1)=f(2010)$，$g(0)=f(2011)$，$g(1)=f(2012)$ が整数である.

  よって，(1)で示したこととあわせて，すべての整数 n に対して $g(n)$ は整数である.

  したがって，$f(n)=g(n-2011)$ も整数である.

← $g(x)=x^3+a'x^2+b'x+c'$ とでもおけば，(1)とまったく同じ議論になるということ.

← $g(x)$ にどんな整数を代入しても整数になるのだから，$n-2011$ を代入しても整数になります.

52 n 進法（n の決定）

n を 4 以上の自然数とする．数 2，12，1331 がすべて n 進法で表記されているとして

$$2^{12} = 1331$$

が成り立っている．このとき n はいくつか．十進法で答えよ．

（京　大）

精│講 とりあえず，与式のままでは我々人間は考えにくいので，十進法に翻訳しましょう．

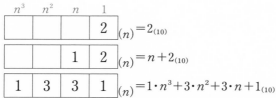

これらを与式に代入すれば

$$2^{n+2} = n^3 + 3n^2 + 3n + 1$$

となります．この式の左辺が指数関数，右辺が多項式の関数であることに注目すれば，あまり大きな n では等号が成立しないはずです．したがって，ある n 以上のときには必ず

$$2^{n+2} > n^3 + 3n^2 + 3n + 1$$

となることを示せば，あとはその n より小さいところを調べるだけです．

◀指数関数の方がより速いスピードで大きくなります．

◀左辺と右辺は直接比較しづらいので，数学的帰納法が有効です．

　しかし，右辺が因数分解できることに気づけば，もう少し処理しやすくなります．

解　答

与式を十進法に直すと

$$2^{n+2} = n^3 + 3n^2 + 3n + 1$$

$$\therefore \quad 2^{n+2} = (n+1)^3 \quad \cdots\cdots①$$

左辺に含まれる素因数が 2 だけなので，$n \geqq 4$ より

◀まず，十進法に翻訳．

◀左辺が 2 の累乗だから
$n+1 = 8, 16, 32, \cdots$
のはず．

k を 3 以上の自然数として
$$n+1=2^k \qquad \cdots\cdots ②$$
とおけて，①から
$$2^{n+2}=2^{3k}$$
$$\therefore \quad n+2=3k \qquad \cdots\cdots ③$$
とできる.

②，③から n を消去すれば
$$2^k+1=3k \qquad \cdots\cdots ④$$

←①よりも右辺の次数が下がったので処理しやすいですね.

ここで，$k\geqq 4$ とすると
$$
\begin{aligned}
2^k+1-3k &= (1+1)^k+1-3k\\
&= {}_k\mathrm{C}_k+\cdots+{}_k\mathrm{C}_2+{}_k\mathrm{C}_1+{}_k\mathrm{C}_0+1-3k\\
&> {}_k\mathrm{C}_2+{}_k\mathrm{C}_1+{}_k\mathrm{C}_0+1-3k\\
&= \frac{k(k-1)}{2}+k+1+1-3k\\
&= \frac{1}{2}k^2-\frac{5}{2}k+2\\
&= \frac{1}{2}(k-1)(k-4)\geqq 0 \quad (\because \quad k\geqq 4)
\end{aligned}
$$
$$\therefore \quad 2^k+1>3k$$

← ${}_k\mathrm{C}_k+\cdots+{}_k\mathrm{C}_3$ は正なので，無くした方が小さくなります.

←つまり，$k\geqq 4$ のとき④は不成立.

$k=3$ とすると，④は $8+1=9$ となり成立するから，求める n は
$$n=3\cdot 3-2=\boldsymbol{7}$$

[補足] $k\geqq 4$ のときの論証は数学的帰納法を用いて，次のようにしてもよいでしょう.

4 以上の自然数 k で，$2^k+1>3k$ が成り立つなら
$$
\begin{aligned}
2^{k+1}+1-3(k+1) &> 2(3k-1)+1-3(k+1)\\
&= 3k-4>0 \quad (\because \quad k\geqq 4)
\end{aligned}
$$
$$\therefore \quad 2^{k+1}+1>3(k+1)$$
$k=4$ のとき，$2^k+1=17$，$3k=12$ から，$2^k+1>3k$ である.

よって，数学的帰納法により，4 以上のすべての自然数 k に対して
$$2^k+1>3k$$
が成り立つ.

53　ガウス記号で表される式の値

実数 x に対して，x 以下の最大の整数を $[x]$ で表す．以下の問いに答えよ．

(1) $\dfrac{14}{3}<x<5$ のとき，$\left[\dfrac{3}{7}x\right]-\left[\dfrac{3}{7}[x]\right]$ を求めよ．

(2) すべての実数 x について，$\left[\dfrac{1}{2}x\right]-\left[\dfrac{1}{2}[x]\right]=0$ を示せ．

(3) n を正の整数とする．実数 x について，$\left[\dfrac{1}{n}x\right]-\left[\dfrac{1}{n}[x]\right]$ を求めよ．

(早　大)

精 講　ガウス記号の定義は問題文で与えられて　◆ **31** ガウス記号(1)参照
いますが，しっかりと理解しておきまし
ょう．

さて，(2)は次のようにいい換えることができます．

$$\left[\dfrac{1}{2}x\right]-\left[\dfrac{1}{2}[x]\right]=0$$

$\Longleftrightarrow \dfrac{1}{2}x$ と $\dfrac{1}{2}[x]$ の**整数部分が等しい**

$\Longleftrightarrow \dfrac{1}{2}[x]<k<\dfrac{1}{2}x$ となる整数 k は**存在しない**

存在しないことの証明は**背理法**です！
なお，この証明において，不等式
$$[x]\leqq x<[x]+1$$
を使います．これはガウス記号の定義から成り立ちま
す．(2)を上記のいい換えを利用して証明できると，(3)
がラクです．まったく同じ議論で進められます．

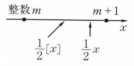

◆ $m\leqq x<m+1$ となる整数 m を $[x]$ と表すので，当然の不等式ですね．

解　答

(1) $\dfrac{14}{3}<x<5$ から $2<\dfrac{3}{7}x<\dfrac{15}{7}<3$ なので

$\left[\dfrac{3}{7}x\right]=2$ である．また，$[x]=4$ なので

$\left[\dfrac{3}{7}[x]\right]=\left[\dfrac{12}{7}\right]=1$ である．

$$\therefore\quad \left[\dfrac{3}{7}x\right]-\left[\dfrac{3}{7}[x]\right]=2-1=\boldsymbol{1}$$

(2) $\dfrac{1}{2}[x]<k<\dfrac{1}{2}x$ となる整数 k が存在すれば

$$[x]<2k<x<[x]+1$$

となるが，$2k$ は整数なので，$[x]$，$[x]+1$ が連続する2整数であることに矛盾する．

◀ 連続2整数 $[x]$，$[x]+1$ の間に他の整数 $2k$ が存在する．

よって，$\dfrac{1}{2}[x]<k<\dfrac{1}{2}x$ となる整数 k は存在しないので

$$\left[\dfrac{1}{2}[x]\right]=\left[\dfrac{1}{2}x\right] \qquad \therefore \quad \left[\dfrac{1}{2}x\right]-\left[\dfrac{1}{2}[x]\right]=0$$

(3) $\dfrac{1}{n}[x]<k<\dfrac{1}{n}x$ となる整数 k が存在すれば

$$[x]<nk<x<[x]+1$$

となるが，nk は整数なので，$[x]$，$[x]+1$ が連続する2整数であることに矛盾する．

◀ (2)の論証において，分母が2であった必要がありません．

よって，$\dfrac{1}{n}[x]<k<\dfrac{1}{n}x$ となる整数 k は存在しないので

$$\left[\dfrac{1}{n}[x]\right]=\left[\dfrac{1}{n}x\right] \qquad \therefore \quad \left[\dfrac{1}{n}x\right]-\left[\dfrac{1}{n}[x]\right]=\mathbf{0}$$

[別解] $\left[\dfrac{1}{n}x\right]=m \; (m：整数)$ とおくと

◀ ガウス記号が表すものは整数なので，その整数を m とおくのも自然な発想です．

$$m\leqq\dfrac{1}{n}x<m+1 \qquad \therefore \quad mn\leqq x<mn+n$$

よって，$[x]$ のとり得る値は

$$[x]=mn,\ mn+1,\ mn+2,\ \cdots,\ mn+n-1$$

であり，このとき

$$\dfrac{1}{n}[x]=m,\ m+\dfrac{1}{n},\ m+\dfrac{2}{n},\ \cdots,\ m+\dfrac{n-1}{n}$$

$$\therefore \quad \left[\dfrac{1}{n}[x]\right]=m$$

したがって

$$\left[\dfrac{1}{n}x\right]-\left[\dfrac{1}{n}[x]\right]=m-m=\mathbf{0}$$

54　二項係数が偶数になる条件

m を 2015 以下の正の整数とする．$_{2015}C_m$ が偶数となる最小の m を求めよ．

（東　大）

精│講　実際に $m = 1, 2, 3, \cdots$ と調べてもなかなか偶数は出てきません．（この1問に 30 分ぐらいかけてイイと考えれば，ずっと調べていって見つけるのも試験会場では有効だと思います．）

求めるものは**最小の m** だから

$$\underbrace{_{2015}C_1,\ _{2015}C_2,\ \cdots,\ _{2015}C_{N-1}}_{\text{ここまで全部奇数}},\ \underbrace{(_{2015}C_N)}_{\text{初めての偶数}},\ _{2015}C_{N+1},\ \cdots$$　　◀数列と見て…

となる N を求めたいわけです．したがって

$$_{2015}C_m \text{ と } _{2015}C_{m-1} \text{ の関係}$$　　◀漸化式を考えます！

を作って考えます．

解　答

二項係数の定義から

$$_{2015}C_m = \frac{2015!}{m!(2015-m)!}$$

◀一般的に
$$_nC_k = \frac{n!}{k!(n-k)!}$$
でしたね．（**34**参照）

$$= \frac{2016-m}{m} \cdot \frac{2015!}{(m-1)!\{2015-(m-1)\}!}$$

$$= \frac{2016-m}{m}{}_{2015}C_{m-1}$$

とできるので，$_{2015}C_1 = 2015$ が奇数であることに注意して

$$_{2015}C_{m-1} \text{ が奇数，かつ } _{2015}C_m \text{ が偶数}$$

となる条件は

（$2016-m$ に含まれる素因数 2 の個数）

　　　$>$（m に含まれる素因数 2 の個数）　……（＊）

である．

$m = 2^n m'$（n：自然数，m'：奇数）とおくと

$$2016 - m = 2^5 \cdot 3^2 \cdot 7 - 2^n m'$$

◀m に含まれる素因数 2 の個数を n とおいたのです．

とできる．

ⅰ) $n>5$ のとき
$$2016-m=2^5(3^2\cdot7-2^{n-5}m')$$
$$=2^5\cdot(奇数)$$
となるから，条件（＊）を満たさない．

← 2^5 と 2^n のどちらをくくり出すか考えると，n と 5 の大小で場合を分けることが見えるはずです．

ⅱ) $n=5$ のとき
$$2016-m=2^5(3^2\cdot7-m')$$
$$=2^5\cdot(偶数)$$
となるから，$2016-m$ に含まれる素因数 2 の個数は 6 以上であり，条件（＊）を満たす．

ⅲ) $n<5$ のとき
$$2016-m=2^n(2^{5-n}\cdot3^2\cdot7-m')$$
$$=2^n\cdot(奇数)$$
となるから，条件（＊）を満たさない．

以上から，条件（＊）を満たす n は $n=5$ だけであり，求めるものは最小の m だから $m'=1$ として
$$m=2^5\cdot1=\mathbf{32}$$

← つまり m が 32 の奇数倍のときに $_{2015}C_m$ は偶数になるということですね．

55 2つの集合に分けた自然数の和

n を2以上の整数とする．集合 $X_n=\{1,\ 2,\ \cdots,\ n\}$ を2つの空集合ではない部分集合 $A_n,\ B_n$ に分ける．すなわち，$A_n \cup B_n = X_n$，$A_n \cap B_n = \varnothing$，$A_n \neq \varnothing$，$B_n \neq \varnothing$ である．A_n に属する自然数の和を a_n，B_n に属する自然数の和を b_n とおく．例えば，$n=5$ のとき，X_5 を $A_5=\{1,\ 2,\ 5\}$，$B_5=\{3,\ 4\}$ と分ければ，$a_5=8$，$b_5=7$ となる．このとき，次の問いに答えよ．

(1) n が4の倍数のとき，$a_n=b_n$ となるように X_n を分けられることを示せ．

(2) $n+1$ が4の倍数のときも，$a_n=b_n$ となるように X_n を分けられることを示せ．

(3) n も $n+1$ も4の倍数ではないとき，$a_n=b_n$ となるようには X_n を分けられないことを示せ．

(香川大)

精 講 (1)は，例えば 1, 2, 3, $\cdots$, 8 の合計は

$$\frac{1}{2}\cdot 8\cdot(1+8)=36$$

なので，これを合計が18ずつになるように分けたいのです．したがって

$$\{3,\ 7,\ 8\} \ \text{と} \ \{1,\ 2,\ 4,\ 5,\ 6\}$$
$$\{1,\ 2,\ 3,\ 5,\ 7\} \ \text{と} \ \{4,\ 6,\ 8\}$$

などと，複数の分け方が考えられます．

しかし，$n(=4n')$ なので規則性を考えなければいけません．そこで，n が4の倍数だから4つずつ区切って考えます．

1, 2, 3, 4 ……… 合計 5ずつに分けたい
5, 6, 7, 8 ……… 合計13ずつに分けたい
9, 10, 11, 12 ……… 合計21ずつに分けたい

← $1+4=2+3$
$5+8=6+7$
$9+12=10+11$

これなら規則性が見えてきませんか？

(2)は，$n=4n'-1$ なので，(1)に比べて最後の1個が足りない状態です．前から4つずつ区切ると，最後の方の大きな数で微調整することになり難しいので，後ろから4つずつ区切って，小さい数で微調整します．

← 最後の3つ
$4n'-3,\ 4n'-2,\ 4n'-1$
を合計が等しくなるようには分けられないけど，最初の3つ 1, 2, 3 なら…

(3)は，例えば 1，2，$\cdots$，10（合計 55）を合計が等し
くなるように分けるのは不可能ですよね.

← だって，55 は…

解　答

(1)　n が 4 の倍数のとき，自然数 n' を用いて
　　$n=4n'$ とおける.
　　　　k を自然数として
　　　　　　$(4k-3)+4k=(4k-2)+(4k-1)$
　　が成り立つから，X_n を
　　　　$A_n=\{4k-3,\ 4k\,|\,1\leqq k\leqq n'\}$
　　　　$B_n=\{4k-2,\ 4k-1\,|\,1\leqq k\leqq n'\}$
　　と分ければ $a_n=b_n$ となる.

← 1 から n を前から 4 つずつに
　区切って

　　① 2 3 ④
　　⑤ 6 7 ⑧
　　⑨ 10 11 ⑫
　　$\cdots\cdots\cdots\cdots$

○印を A_n，他を B_n に分け
たのです.

(2)　$n+1$ が 4 の倍数のとき，自然数 n' を用いて
　　$n=4n'-1$ とおける.
　　　　k を自然数として
　　　　　　$4k+(4k+3)=(4k+1)+(4k+2)$
　　が成り立つから，X_n を
　　　　$A_n=\{1,\ 2\}\cup\{4k,\ 4k+3\,|\,1\leqq k\leqq n'-1\}$
　　　　$B_n=\{3\}\cup\{4k+1,\ 4k+2\,|\,1\leqq k\leqq n'-1\}$
　　と分ければ $a_n=b_n$ となる.

← 1 から n を後ろから 4 つずつ
　に区切って

　　(n) $n-1$ $n-2$ $(n-3)$
　　$\cdots\cdots\cdots\cdots\cdots\cdots$

　　⑦ 6 5 ④
　　3 ② ①

○印を A_n，他を B_n に分け
たのです.

(3)　n も $n+1$ も 4 の倍数でないとき，自然数 n' を
　　用いて
　　　　　　$n=4n'-3$ または $4n'-2$
　　とおけるから，X_n に属する自然数の総和は
　　　　$\dfrac{1}{2}n(n+1)$
　　　　$=\dfrac{1}{2}(4n'-3)(4n'-2),\ \dfrac{1}{2}(4n'-2)(4n'-1)$
　　　　$=(4n'-3)(2n'-1),\quad\ (2n'-1)(4n'-1)$
　　となり，いずれにしてもこの和は奇数である.
　　　$a_n=b_n$ となるように分けるには，X_n に属する
　　自然数の総和が偶数であることが必要なので，この
　　とき $a_n=b_n$ となるようには X_n を分けられない.

← 解答を見て「なんだそんなこ
　とか」というのは簡単なこと
　です.

56　和が一定で積が最大

　n を 4 以上の自然数とする．和が n となる 2 つ以上の自然数の組合せを考え，その積の最大値を $M(n)$ とおく．例えば $n=4$ のとき，和が n となる自然数の組合せは

$$(1,\ 1,\ 1,\ 1),\ (2,\ 1,\ 1),\ (3,\ 1),\ (2,\ 2)$$

があるが，この積の最大値は $2\times2=4$ のときであるから $M(4)=4$ となる．

(1)　$M(8)$ を求めよ．

(2)　$M(12)$ を求めよ．

(3)　$M(n)$ を求めよ．

（名古屋市立大）

精講　和が n で一定のまま，積を大きくしたいのだから，まず 1 を含まない方がよさ　　　← 1 を何個かけても 1 です．
そうですね．

　さらに，**感覚的には「大きな数を少ない個数かける」より「小さい数を多くかける」方が積は大きくなりそう**ですよね．　　　　　← 例えば，$n=100$ のとき　$30\cdot70<2^{50}$　ですね．

　右の例は極端ですが，例えば 5 は単独であるよりも，2 と 3 に分けた方が

$$5<2\cdot3=6$$

とでき，積が大きくなります．したがって，なるべく 2 と 3 を多く含むような組合せを考えればよさそうです．

　(1)，(2)は具体的に実験すればよいのですが，(3)はそうはいきませんので，上記の感覚を論証できるかがポイントです．

━━━━━ 解　答 ━━━━━

　和が n である k 個の自然数の組 $(a_1,\ a_2,\ \cdots,\ a_k)$ を考える．

ⅰ）もし，この中に 1 が存在したら他の数 a_i と組合わせて，$A_i=1+a_i$ を作り　　　　　← 1 を含まない方が，積が大きくなることの証明

$$1\cdot a_i=a_i<1+a_i=A_i$$

とできるので，A_i を作った方が積は大きくなる.

ⅱ）もし，この中に 4 以上の数 a_j が存在したら，$B_j=a_j-2\,(\geqq 2)$ を作り
$$2\cdot B_j-a_j=2B_j-(2+B_j)=B_j-2\geqq 0$$
とできるので，a_j を 2 と B_j の 2 つの数に分けても積は小さくならない.

← 大きい数はいらないことの証明

よって，$(a_1,\ a_2,\ \cdots,\ a_k)$ は 2 と 3 だけの組であるものを考えればよい.

← あとは，2 と 3 を何個ずつにすればよいのかだけです.

さらに，2 が 3 個以上あったら
$$2+2+2=3+3,\ 2\cdot 2\cdot 2=8<9=3\cdot 3$$
なので，「3 個の 2」を「2 個の 3」に変えた方が積は大きくなる.

したがって，$(a_1,\ a_2,\ \cdots,\ a_k)$ は
2 と 3 だけが並び，かつ 2 は最大で 2 個まで
という条件を満たすべきである.
この条件を（＊）とする.

← 初めて考えたとき，この結論は筆者にとって驚きでした.「2 がなるべく多い方が…」と予想していたので.

(1) $n=8$ のとき，条件（＊）を満たすのは $(2,\ 3,\ 3)$ だけである．よって
$$M(8)=2\cdot 3\cdot 3=\mathbf{18}$$

(2) $n=12$ のとき条件（＊）を満たすのは $(3,\ 3,\ 3,\ 3)$ だけである．よって
$$M(12)=3\cdot 3\cdot 3\cdot 3=\mathbf{81}$$

(3) n を 3 で割った余りで分類する.

(イ) **n を 3 で割った余りが 0 の場合**
$n=3m$（m：2 以上の自然数）とおけて，条件（＊）を満たすのは
$$(3,\ 3,\ \cdots,\ 3)\quad(3 が m 個)$$
だけである．よって
$$M(n)=3^m=3^{\frac{n}{3}}$$

(ロ) **n を 3 で割った余りが 1 の場合**
$n=3m+1$（m：自然数）とおけて，条件（＊）を

← n をなるべく多くの 3 に分割するから，n の中に 3 が何個含まれるかで場合分けしています.

満たすのは

$$（2，2，3，3，\cdots，3）（3 が m-1 個）$$

だけである．よって

$$M(n)=2^2\cdot3^{m-1}=4\cdot3^{\frac{n-4}{3}}$$

(ハ) **n を3で割った余りが2の場合**

$n=3m+2$（m：自然数）とおけて，条件（＊）

を満たすのは

$$（2，3，3，\cdots，3）（3 が m 個）$$

だけである．よって

$$M(n)=2\cdot3^m=2\cdot3^{\frac{n-2}{3}}$$

研究 ここから先は数学Ⅲの内容を含みます．

和が n である k 個の正の数 a_1，a_2，$\cdots$，a_k について，**相加・相乗平均の関係** より

$$\frac{a_1+a_2+\cdots+a_k}{k}\geqq\sqrt[k]{a_1a_2\cdots a_k}\qquad\therefore\quad\left(\frac{n}{k}\right)^k\geqq a_1a_2\cdots a_k$$

が成り立ちます．等号は $a_1=a_2=\cdots=a_k=\dfrac{n}{k}$ のとき成立し，このとき積は最大になります．

ここで，$f(x)=\left(\dfrac{n}{x}\right)^x$（$x>0$）とおき，積の最大はどのような k のときかを調べてみます．

$\log f(x)=x(\log n-\log x)$ であるから，この両辺を x で微分して

$$\frac{f'(x)}{f(x)}=1\cdot(\log n-\log x)+x\cdot\left(-\frac{1}{x}\right)$$

$$=\log\frac{n}{ex}$$

$$\therefore\quad f'(x)=f(x)\log\frac{n}{ex}$$

x	(0)	$\cdots$	$\dfrac{n}{e}$	$\cdots$
$f'(x)$		$+$	0	$-$
$f(x)$		$\nearrow$		$\searrow$

よって，$f(x)$ の増減は右の通りで，$f(x)$ は $x=\dfrac{n}{e}$ のとき極大かつ最大となります．

したがって，積 $a_1a_2\cdots a_k$ が最大になるのはおよそ $k=\left(\dfrac{n}{e}\text{ に近い自然数}\right)$ のときで，このときだいたい $a_1=a_2=\cdots=a_k=(e=2.718\cdots$ に近い自然数) だから，解答の通りに3がなるべく多くなるように分けたときに最大となっているのです．

57　鳩の巣原理

次の(1), (2)を証明せよ.

(1)　任意に与えられた相異なる 4 つの整数 x_0, x_1, x_2, x_3 を考える. これらのうちから適当に 2 つの整数を選んで, その差が 3 の倍数となるようにできる.

(2)　n を 1 つの正の整数とする. このとき, n の倍数であり, 桁数が $(n+1)$ を超えず, かつ 33…300…0 の形で表される整数がある.

(神戸大)

精講　例えば,「5 人いれば血液型が同じ 2 人が存在する」という主張は成り立ちますか？

　血液型は A, B, AB, O の 4 種類だから, 5 人の血液型を確認しなくても,「5 人の血液型がすべて異なること」はあり得ないと分かります. したがって, 上記の主張は成り立ちます.

◀ここでは Rh マイナスとかは考えていません.

　では,「仙台市民 100 万人の中には髪の毛の本数が同じ 2 人が存在する」ならどうでしょうか？

　髪の毛の本数は平均 10 万本, 多い人で 15 万本程度だそうです. よって, 髪の毛 0 本の人が入る部屋, 1 本の人が入る部屋, 2 本の人が入る部屋, …, 15 万本の人が入る部屋, を用意して 100 万人を振り分けるとき,「全員が異なる部屋に入ること」は不可能です. つまり,「どこかの部屋には 2 人以上が入る」ので, 上記の主張は正しいのです.

◀15 万 < 100 万 ですからね.

　これを「鳩」を用いて一般化したものが, 次の**鳩の巣原理**です.

◀なぜ「鳩」なのかは筆者もよく分かりません…

> m 個の巣箱に n 羽の鳩を分け入れるとき, $m < n$ であれば, 2 羽以上が入る巣箱が少なくとも 1 つ存在する.（同じ巣箱に入る 2 羽以上の鳩が存在する.）

◀どの 2 羽が同じ巣箱に入るかは分からないけど, **その存在は証明される**ということです.

　(1)は,「差が 3 の倍数になる 2 数の存在」の証明なので, x_0, x_1, x_2, x_3 を 3 で割った余りに注目すれば,『鳩の巣原理』を適用できます.

◀問題文の"適当"は「いいかげん」ではなく「適切」という意味です.

この(1)の主張を一般化すると，「異なる $n+1$ 個の整数を用意すれば，差が n の倍数となる2数が存在する」ということです．これが(2)のヒントです．

解 答

(1) 整数を3で割った余りは0，1，2の3種類なので，4つの整数 x_0，x_1，x_2，x_3 の中に3で割った余りが等しい2つがある．

← 3個の巣箱と4羽の鳩です。

巣箱：
鳩 ：x_0, x_1, x_2, x_3

この2数は，r を0，1，2のいずれかの整数として
$$x_i=3X_i+r, \qquad x_j=3X_j+r \ (X_i, \ X_j：整数)$$
と表せるから，この2数の差は
$$x_i-x_j=3(X_i-X_j)$$
となり，3の倍数である．よって，題意は示された．

(2) 数字3を k 個並べて作る k 桁の正整数を a_k とする．すなわち
$$a_1=3, \ a_2=33, \ a_3=333, \ \cdots$$
である．

一般に，整数を n で割った余りは0，1，2，$\cdots$，$n-1$ の n 種類であるから，$(n+1)$ 個の整数 a_1，a_2，$\cdots$，a_n，a_{n+1} を考えると，この中に n で割った余りが一致する2個が存在する．その2個を a_i，a_j $(1 \leqq i < j \leqq n+1)$ とすると

← n 個の巣箱と $(n+1)$ 羽の鳩です。

$$a_j-a_i=\underbrace{333\cdots3}_{j 個}-\underbrace{3\cdots3}_{i 個}$$
$$=\underbrace{33\cdots3}_{j-i 個}\underbrace{00\cdots0}_{i 個}$$

という形であり，これは n の倍数で，桁数は $j(\leqq n+1)$ となっているから，題意に適する整数が確かに存在した．

58 桁 数

次の問に答えよ．ただし，$0.3010 < \log_{10} 2 < 0.3011$ であることは用いて
よい．

(1) 100 桁以下の自然数で，2 以外の素因数を持たないものの個数を求めよ．

(2) 100 桁の自然数で，2 と 5 以外の素因数を持たないものの個数を求めよ．

（京　大）

精｜講　　(1)は，「2 以外の素因数をもたない自然
　　　　　　数」を

$$2^k \quad (k：0 \text{ 以上の整数})$$

とおいて，「100 桁以下」だから $2^k < 10^{100}$ と表せま
す．あとは，両辺の常用対数（底が 10 の対数）をとっ
て，log の計算です．

←1 は素数ではないので，
$1(=2^0)$ も「2 以外の素因数
をもたない」という条件にあ
てはまります．

(2)は「100 桁」だと分かりにくいので，まず「3 桁」
で考えてみましょう．3 桁の自然数で，2 と 5 以外の
素因数をもたないものは

2^9	$=512=2^9 \cdot 10^0$		
2^8	$=256=2^8 \cdot 10^0$		
2^7	$=128=2^7 \cdot 10^0$		
$2^7 \cdot 5$	$=640=2^6 \cdot 10$		
$2^6 \cdot 5$	$=320=2^5 \cdot 10$		
$2^5 \cdot 5$	$=160=2^4 \cdot 10$		
$2^5 \cdot 5^2$	$=800=2^3 \cdot 10^2$		
$2^4 \cdot 5^2$	$=400=2^2 \cdot 10^2$		
$2^3 \cdot 5^2$	$=200=2^1 \cdot 10^2$		
$2^2 \cdot 5^2$	$=100=2^0 \cdot 10^2$	$=5^0 \cdot 10^2$	
$2^2 \cdot 5^3$	$=500$	$=5^1 \cdot 10^2$	
$2^1 \cdot 5^3$	$=250$	$=5^2 \cdot 10^1$	
5^3	$=125$	$=5^3 \cdot 10^0$	
5^4	$=625$	$=5^4 \cdot 10^0$	

の 14 個になります．

これは，上の太字のところに注目すれば分かるよう
に，「3 桁以下の 2^k に適切な 10^l をかけたもの」と「3
桁以下の 5^k に適切な 10^l をかけたもの」になってい
ます．

←100 だけが重複しています．

　この仕組みは、「100桁」でも同様です。結局のところ、題意を満たす自然数は $2^x \cdot 5^y$ と書けるわけですが、ここで $x \geqq y$ を満たすものは
$$2^x \cdot 5^y = 2^{x-y} \cdot 2^y \cdot 5^y = 2^{x-y} \cdot 10^y$$
とでき、これは 2^{x-y} にかける「適切な 10^l」がただ1つに定まることを意味しています。

　$x \leqq y$ の場合も
$$2^x \cdot 5^y = 2^x \cdot 5^{y-x} \cdot 5^x = 5^{y-x} \cdot 10^x$$
とでき、5^{y-x} にかける「適切な 10^l」がただ1つに定まります。

解　答

(1)　2以外の素因数をもたない自然数は 2^k（k：0以上の整数）とおけて
$$2^k < 10^{100} \iff \log_{10} 2^k < \log_{10} 10^{100}$$
$$\iff k\log_{10} 2 < 100$$
$$\iff k < \frac{100}{\log_{10} 2}$$

← 10^{100} は 101 桁の自然数の中で最も小さいものです。

　ここで、$0.3010 < \log_{10} 2 < 0.3011$ から
$$\frac{100}{0.3011} < \frac{100}{\log_{10} 2} < \frac{100}{0.3010}$$
であり

← $\log_{10} 2 = 0.3010$ という近似値は有名ですが、本問は不等式による評価が与えられているので、これを利用します。

$$\frac{100}{0.3011} < = 332.1\cdots, \qquad \frac{100}{0.3010} = 332.2\cdots$$
なので、2^k が 100 桁以下の自然数となるような k の範囲は
$$0 \leqq k < 332.\cdots$$
となる。これを満たす0以上の整数 k は
$$k = 0, \ 1, \ 2, \ \cdots, \ 332$$
の 333 個だから、求める個数も **333(個)** である。

(2) 題意を満たす自然数は $2^x \cdot 5^y$ (x, y：0以上の整数) と表せる．

イ) この中で，ちょうど100桁の自然数で $x \geqq y$ を満たすものは，(1)で得られた333個の自然数にそれぞれ適切な 10^z (z：0以上の整数) をかけて作ることができるから，その個数は333個である．

⬅ 例えば，2^1 には 10^{99} をかけると
$$2^1 \cdot 10^{99} = 2^{100} \cdot 5^{99}$$
となり，題意に適します．

ロ) ちょうど100桁の自然数で $x \leqq y$ を満たすものは，イ)と同様に，100桁以下の自然数で，5以外の素因数をもたないものの個数に等しい．この個数を(1)と同様に求める．

5以外の素因数をもたない自然数は 5^k (k：0以上の整数) とおけて
$$5^k < 10^{100} \iff \log_{10} 5^k < \log_{10} 10^{100}$$
$$\iff k < \frac{100}{\log_{10} 5}$$
$$\iff k < \frac{100}{1 - \log_{10} 2}$$

⬅ (1)と同様にして，5^k が100桁以下になるような k の値の範囲を求めます．

$0.3010 < \log_{10} 2 < 0.3011$ から
$$\frac{100}{1 - 0.3010} < \frac{100}{1 - \log_{10} 2} < \frac{100}{1 - 0.3011}$$
であり
$$\frac{100}{1 - 0.3011} = 143.08\cdots, \qquad \frac{100}{1 - 0.3010} = 143.06\cdots$$
なので，5^k が100桁以下の自然数となるような k の範囲は
$$0 \leqq k < 143.\cdots$$
となる．これを満たす0以上の整数 k は
$$k = 0, 1, 2, \cdots, 143$$
の144個だから，求める個数も144個である．

イ)とロ)は $x = y$ の場合，すなわち 10^{99} の1個が重複しているので，求める個数は
$$333 + 144 - 1 = \mathbf{476}\,(個)$$

⬅ $10^{99} = 2^{99} \cdot 5^{99}$

59 素数の列

公差が正の数 d である等差数列 $\{a_n\}$ に対し，初項 a_1 から第 n 項 a_n までのすべての項が素数であるとき $(a_1,\ a_2,\ \cdots,\ a_n)$ を項数 n，公差 d の等差素数列という．100 以下の素数は次の 25 個である．

$$2,\ 3,\ 5,\ 7,\ 11,\ 13,\ 17,\ 19,\ 23,\ 29,\ 31,\ 37,\ 41,\ 43,$$
$$47,\ 53,\ 59,\ 61,\ 67,\ 71,\ 73,\ 79,\ 83,\ 89,\ 97$$

(1) $a_3 \leqq 100$ を満たす項数 3，公差 30 の等差素数列 $(a_1,\ a_2,\ a_3)$ をすべて求めよ．

(2) $n \geqq 2$ かつ $a_1 > 2$ のとき，等差素数列 $(a_1,\ a_2,\ \cdots,\ a_n)$ の和 $a_1 + a_2 + \cdots + a_n$ は合成数であることを示せ．

(3) $n \geqq 3$ かつ $a_1 > 3$ のとき，等差素数列 $(a_1,\ a_2,\ \cdots,\ a_n)$ の公差は 6 の倍数であることを示せ．

(4) $n \geqq 3$ かつ $a_1 > 3$ のとき，$a_1 + a_2 + \cdots + a_n = 100$ を満たす項数 n の等差素数列 $(a_1,\ a_2,\ \cdots,\ a_n)$ を求めよ．

(徳島大)

精 講　(1)は，あげられている 25 個の素数を見て正確に数えあげましょう．

(2)は，**等差数列の和の公式**

$$a_1 + a_2 + \cdots + a_n = \frac{1}{2}n(a_1 + a_n)$$

を適用し，この右辺が**合成数**（2 以上の整数 2 個の積）であることを示します．つまり，**分母の 2 をどう約分するか**の説明です．

(3)では，$a_1 > 3$ から「5 以上の素数」が対象です．このとき，**37** で学んだ「**5 以上の素数は $6k \pm 1$ の形**」が役立ちます．

(4)は，(3)の結果から，公差 d を $6d'$ とおけます．あとは，(2)と同様に**等差数列の和の公式**を使えば，(　)(　)=（整数）の形が得られます．

← **37** では「$6n \pm 1$ の形」でしたが，本問では n は別に使用済みなので k にしました．

解 答

(1) $a_3 \leqq 100$ を満たす項数 3，公差 30 の等差素数列
$(a_1,\ a_2,\ a_3)$ は

$\quad(7,\ 37,\ 67),\ (11,\ 41,\ 71),\ (13,\ 43,\ 73),$
$\quad(23,\ 53,\ 83),\ (29,\ 59,\ 89),\ (37,\ 67,\ 97)$

← 公差が 30 なので
$\quad a_2 = a_1 + 30$
$\quad a_3 = a_1 + 60$
です.

(2) 和 $a_1 + a_2 + \cdots + a_n$ は

$$a_1 + a_2 + \cdots + a_n = n \cdot \frac{1}{2}(a_1 + a_n)$$

とできる.

$\quad a_1$ と a_n はともに 2 より大きい素数なので，奇数
である．よって，$a_1 + a_n$ は 2 より大きい偶数であ

るから，$\dfrac{1}{2}(a_1 + a_n)$ は 2 以上の整数である．$n \geqq 2$

とあわせて，$n \cdot \dfrac{1}{2}(a_1 + a_n)$ は合成数である.

← 素数の中で偶数であるものは
2 だけですね.

(3) 3 より大きい素数は，2 でも 3 でも割り切れない
ので

$$6k - 1,\ 6k + 1\ (k：整数)$$

の形をしている.

← **37** 参照.

イ) $(a_1,\ a_2) = (6k - 1,\ 6l + 1)\ (k,\ l：整数)$ と
すると，等差数列の仕組みから

$\quad a_3 = a_2 + (a_2 - a_1)$
$\quad\quad = (6l + 1) + (6l + 1) - (6k - 1)$
$\quad\quad = 3(4l - 2k + 1)$

となり，これは 3 より大きい 3 の倍数だから素数
にはなり得ない.

← $a_1,\ a_2,\ a_3$ が等差数列をなす
とき
$\quad a_3 - a_2 = a_2 - a_1 (=公差)$
が成り立ちます.

← $a_1 > 3$ なので $a_3 > 3$ です.

ロ) $(a_1,\ a_2) = (6k + 1,\ 6l - 1)\ (k,\ l：整数)$ と
すると，等差数列の仕組みから

$\quad a_3 = a_2 + (a_2 - a_1)$
$\quad\quad = (6l - 1) + (6l - 1) - (6k + 1)$
$\quad\quad = 3(4l - 2k - 1)$

となり，これは 3 より大きい 3 の倍数だから素数
にはなり得ない.

　　したがって，a_1 と a_2 は 6 で割った余りが等しいので，等差素数列 $(a_1, \ a_2, \ \cdots, \ a_n)$ の公差 $d = a_2 - a_1$ は 6 の倍数である．

← $(6k+r)-(6l+r)=6(k-l)$ です．

(4)　(3)から，公差 d は $d = 6d'$（d'：正の整数）とおけて
$$a_n = a_1 + 6d'(n-1)$$
と表せるから
$$a_1 + a_2 + \cdots + a_n = 100$$
$$\Longleftrightarrow \frac{1}{2}n\{2a_1 + 6d'(n-1)\} = 100$$
$$\Longleftrightarrow n\{a_1 + 3d'(n-1)\} = 2^2 \cdot 5^2$$
　　ここで，$a_1 \geqq 5$，$n \geqq 3$，$d' \geqq 1$ から
$$a_1 + 3d'(n-1) \geqq 5 + 3 \cdot 1 \cdot 2 = 11$$
が成り立つので
$$\begin{pmatrix} n \\ a_1 + 3d'(n-1) \end{pmatrix} = \begin{pmatrix} 4 \\ 25 \end{pmatrix}, \ \begin{pmatrix} 5 \\ 20 \end{pmatrix}$$

← この確認をしておかないと，**解答**の 2 組以外にも
$n = 10, \ 20, \ 25, \ 50, \ 100$
の場合の 5 組も考えることになってしまいます．

イ）　$n = 4$ の場合
$$a_1 + 3d'(4-1) = 25 \quad \therefore \quad a_1 + 9d' = 25$$
　　これを満たす 5 以上の素数 a_1 と正の整数 d' の組は
$$(a_1, \ d') = (7, \ 2)$$

← $9d'$ は 9 以上なので，
$a_1 = 5, \ 7, \ 11, \ 13$ を順に代入して確認するだけです．

ロ）　$n = 5$ の場合
$$a_1 + 3d'(5-1) = 20 \quad \therefore \quad a_1 = -12d' + 20$$
　　この $-12d' + 20$ は偶数であるが，a_1 は奇数なので不適．

　　以上から，$n = 4$，$a_1 = 7$，$d = 6d' = 12$ であるので，求める等差素数列は
$$(7, \ 19, \ 31, \ 43)$$

60 約数の和の論証

正の整数 n に対して，n の正の約数の総和を $\sigma(n)$ とする．たとえば，$n=6$ の正の約数は 1，2，3，6 であるから $\sigma(6)=1+2+3+6=12$ となる．以下の問いに答えよ．

(1) $\sigma(30)$ を求めよ．

(2) 正の整数 n と，n を割り切らない素数 p に対して，等式

$$\sigma(pn)=(p+1)\sigma(n)$$

が成り立つことを示せ．

(3) 次の条件(i)，(ii)を満たす正の整数 n をすべて求めよ．

(i) n は素数であるか，または r 個の素数 p_1，p_2，$\cdots$，p_r（ただし r は 2 以上の整数で，$p_1<p_2<\cdots<p_r$）を用いて $n=p_1\times p_2\times\cdots\times p_r$ と表される．

(ii) $\sigma(n)=72$ が成り立つ．

(東北大)

精講 本問は，6 40 と同様に「正の約数の総和」をテーマとした問題ですが，少し抽象度が高いです．

　(2)は，n の**素因数分解を文字で表現**してあげれば論証できますが，$n=1$ のときはそもそも素因数をもたないので，別の場合としておきましょう．

　(3)では，条件(i)にあるように，「n が素数の場合」と「$n=p_1\times p_2\times\cdots\times p_r$ の場合」に分けて考えてみましょう．

← といっても，考え方は変わりません．

解 答

(1) 30 を素因数分解すると

$$30=2\cdot3\cdot5$$

となるので

$$\sigma(30)=(1+2)(1+3)(1+5)=\mathbf{72}$$

← 6 参照．

(2)　n の値で場合を分ける.

　イ)　$n=1$ の場合
$$\sigma(pn)=\sigma(p)=1+p,\ \sigma(n)=\sigma(1)=1$$
なので，$\sigma(pn)=(p+1)\sigma(n)$ が成り立つ.

◀ 素数 p の正の約数は1と p の2個だけです.

　ロ)　$n\geqq2$ の場合
　　n の素因数分解を
$$n=a_1{}^{m_1}a_2{}^{m_2}\cdots a_N{}^{m_N}$$
とすれば
$$\begin{aligned}\sigma(n)=&(1+a_1{}^1+a_1{}^2+\cdots+a_1{}^{m_1})\\&\times(1+a_2{}^1+a_2{}^2\cdots+a_2{}^{m_2})\\&\qquad\qquad\vdots\\&\times(1+a_N{}^1+a_N{}^2+\cdots+a_N{}^{m_N})\end{aligned}$$
である. また，n を割り切らない素数 p に対して，pn の素因数分解は
$$pn=pa_1{}^{m_1}a_2{}^{m_2}\cdots a_N{}^{m_N}$$
だから
$$\begin{aligned}\sigma(pn)=&(1+p)\\&\times(1+a_1{}^1+a_1{}^2+\cdots+a_1{}^{m_1})\\&\times(1+a_2{}^1+a_2{}^2+\cdots+a_2{}^{m_2})\\&\qquad\qquad\vdots\\&\times(1+a_N{}^1+a_N{}^2+\cdots+a_N{}^{m_N})\end{aligned}$$
なので，$\sigma(pn)=(p+1)\sigma(n)$ が成り立つ.

◀ つまり，p は a_1, a_2, $\cdots$, a_N とは異なる素数ということです.

(3)　条件(i)より，正の整数 n は1ではない.

◀ 正の整数は，1と素数と合成数の3種類です.

　イ)　n が素数の場合
　　$\sigma(n)=1+n$ なので，$\sigma(n)=72$ から
$$1+n=72$$
$$\therefore\quad n=71$$
　　71は素数なので適する.

◀ 素数 n の正の約数は1と n の2個だけです.

◀ $\sigma(n)=72$ となる素数 n の存在を仮定して $n=71$ という値を求めたので，出てきた値が本当に素数かどうかを確かめる必要があります.

ロ）　n が合成数の場合

条件(i)より，r（2以上の整数）個の素数 p_1, p_2, $\cdots$, p_r（$p_1 < p_2 < \cdots < p_r$）を用いて

$$n = p_1 \times p_2 \times \cdots \times p_r$$

と表せて，このとき

$$\sigma(n) = (1 + p_1)(1 + p_2) \cdots (1 + p_r)$$

である.

ここで，$r \geq 4$ とすると $2 \leq p_1$, $3 \leq p_2$, $5 \leq p_3$, $7 \leq p_4$ から

$$\begin{aligned}
\sigma(n) &= (1 + p_1)(1 + p_2) \cdots (1 + p_r) \\
&\geq (1 + p_1)(1 + p_2)(1 + p_3)(1 + p_4) \\
&\geq (1 + 2)(1 + 3)(1 + 5)(1 + 7) \\
&= 72 \cdot 8
\end{aligned}$$

となるので，$\sigma(n) = 72$ に反する.

よって，r は 2 または 3 に限る.

・$r = 2$ の場合

$$\sigma(n) = (1 + p_1)(1 + p_2) = 72$$

と，p_1, p_2 が $2 \leq p_1 < p_2$ を満たす素数であることから

$$\binom{1 + p_1}{1 + p_2} = \binom{3}{24}, \ \binom{4}{18}, \ \binom{6}{12}$$

$$\therefore \quad \binom{p_1}{p_2} = \binom{2}{23}, \ \binom{3}{17}, \ \binom{5}{11}$$

このとき，順に $n = 46$, 51, 55 である.

・$r = 3$ の場合

$$\sigma(n) = (1 + p_1)(1 + p_2)(1 + p_3) = 72$$

となる．これは，(1)から

$$p_1 = 2, \quad p_2 = 3, \quad p_3 = 5$$

の場合に成り立ち，この3個が最も小さい方から3個の素数なので，他の組は存在しない．よって，このとき，$n = 30$ である.

以上から，求める正の整数nは

$$n = 30, \ 46, \ 51, \ 55, \ 71$$

← 素因数の種類が多すぎると $\sigma(n) = 72$ という等式を満たさないはずなので，r は比較的小さい数のはずです．ちょっと実験すれば，$r \geq 4$ で不成立となることが分かるので「$r \geq 4$ はダメだ」ということを**背理法**で示します.

これが例えば
$$p_1 = 3, \ p_2 = 5, \ p_3 = 31$$
だと
$$\begin{aligned}
\sigma(n) &= (1 + 3)(1 + 5)(1 + 31) \\
&= 4 \cdot 6 \cdot 32 \\
&= 3 \cdot 8 \cdot 32 \\
&= (1 + 2)(1 + 7)(1 + 31)
\end{aligned}$$
とできてしまうので
← $$p_1 = 2, \ p_2 = 7, \ p_3 = 31$$
という他の組も可能性が出てきてしまいます.

61 素数と合成数

自然数 n に対して，n のすべての正の約数（1 と n を含む）の和を $S(n)$ とおく．例えば，$S(9)=1+3+9=13$ である．このとき，以下の各問いに答えよ．

(1) n が異なる素数 p と q によって $n=p^2q$ と表されるとき，$S(n)=2n$ を満たす n をすべて求めよ．

(2) a を自然数とする．$n=2^a-1$ が $S(n)=n+1$ を満たすとき，a は素数であることを示せ．

(3) a を 2 以上の自然数とする．$n=2^{a-1}(2^a-1)$ が $S(n)\leqq 2n$ を満たすとき，n の 1 の位は 6 か 8 であることを示せ．

（東京医科歯科大）

精 講 (1)は，ここまで来た読者にとっては難しくないでしょう．

(2)では，$S(n)=n+1$ という条件を「n が素数」と読めれば，題意は「2^a-1 が素数のとき，a も素数であることの証明」です．これは**対偶**をとって証明する有名問題です．

← **60**でもこの読み替えを利用しましたね．

(3)はまず，「2^{a-1} と 2^a-1 は互いに素」であることに気付かないと話が進みません．これに気付けば，**60**(2)と同様にして（ここでは証明までする必要はないでしょう）

$$S(2^{a-1}(2^a-1))=S(2^{a-1})S(2^a-1)$$

が成り立ちます．すると，(2)を利用できる形に持ち込めます．

← 一般に，p と q が互いに素のとき
$$S(pq)=S(p)S(q)$$
が成り立ちます．

なお，一の位の数字は 10 で割った余りのことなので，**解答**では**合同式**を用いました．

解　答

(1) $n=p^2q$（p と q は異なる素数）と表せるとき
$$S(n)=(1+p+p^2)(1+q)$$
だから，$S(n)=2n$ とすると

$$(1+p+p^2)(1+q)=2p^2q$$

ここで，p と p^2 の偶奇が一致することから $1+p+p^2$ は 7 以上の奇数であり，p^2 と互いに素だから

← p と q は異なる素数なので，ヘタに展開せずこのまま考えられます．

$$\begin{cases} 1+p+p^2=q \\ 1+q=2p^2 \end{cases}$$

が成り立つ．この 2 式から q を消去して

$$1+p+p^2=2p^2-1 \iff p^2-p-2=0$$
$$\iff (p+1)(p-2)=0$$

p は素数だから，$p=2$ である．このとき

$$q=2p^2-1=7 \qquad \therefore \quad n=2^2 \cdot 7 = \mathbf{28}$$

(2) $S(n)=n+1$ となるのは n が素数のときだから，自然数 a に対して

2^a-1 が素数であるとき，a は素数である ……($\ast$)

を示す．この ($\ast$) の対偶は

a が素数でないならば，2^a-1 も素数でない

← 素数でない a は，1 または合成数です．

となる．

イ）　$a=1$ の場合

$$2^a-1=2^1-1=1$$

ロ）　a が合成数の場合

2 以上の整数 p，q を用いて $a=pq$ とおける．

さらに，$r=2^p$ とおいて

$$2^a-1=2^{pq}-1$$
$$=r^q-1$$
$$=(r-1)(r^{q-1}+r^{q-2}+\cdots+r^1+1)$$

← この因数分解は意外と盲点になりがちです．

ここで，$r-1$ と $r^{q-1}+\cdots+1$ はともに 2 以上の整数だから，2^a-1 は合成数である．

以上，イ），ロ）より ($\ast$) の対偶が示されたので，($\ast$) は成り立つ．

(3) a を 2 以上の自然数とするとき，2^{a-1} と 2^a-1 は互いに素だから

$$S(n)=S(2^{a-1}(2^a-1))=S(2^{a-1})S(2^a-1)$$

が成り立つ．ここで

← 2^{a-1} に含まれる素因数は 2 のみで，2^a-1 は 2 で割り切れません．

$$S(2^{a-1}) = 1 + 2^1 + 2^2 + \cdots + 2^{a-1}$$
$$= \frac{2^a - 1}{2 - 1}$$
$$= 2^a - 1$$

であるから
$$S(n) = (2^a - 1)S(2^a - 1)$$
とでき，$S(n) \leqq 2n$ を満たすとき
$$(2^a - 1)S(2^a - 1) \leqq 2 \cdot 2^{a-1}(2^a - 1)$$
$2^a - 1 > 0$ より
$$S(2^a - 1) \leqq 2^a \quad \cdots\cdots①$$
となる．一方で，$2^a - 1$ は 3 以上の自然数だから
$$S(2^a - 1) \geqq 1 + (2^a - 1) = 2^a \quad \cdots\cdots②$$
も成り立つ.

①，②より
$$S(2^a - 1) = 2^a = (2^a - 1) + 1$$
が成り立つので，(2)で示したことから，a は素数である．以下，合同式の法を 10 とする．

イ）$a = 2$ の場合
$$n = 2^1(2^2 - 1) = 6$$

ロ）$a = 3$ の場合
$$n = 2^2(2^3 - 1) = 28 \equiv 8$$

ハ）$a \geqq 5$ の場合
　　5 以上の素数は 2 または 3 で割り切れないので
$$a = 6k - 1, \ 6k + 1 \quad (k : 自然数)$$
と表せる．

（i）$a = 6k - 1$ の場合
$$n = 2^{6k-2}(2^{6k-1} - 1)$$
$$= 2^{6(k-1)+4}\{2^{6(k-1)+5} - 1\}$$
$$= 16 \cdot 64^{k-1}(32 \cdot 64^{k-1} - 1)$$
$$\equiv 6 \cdot 4^{k-1}(2 \cdot 4^{k-1} - 1)$$
　　ここで，$k = 1, 2, 3, \cdots$ に対する 4^{k-1} の一の位の数字 r は

k	1	2	3	4	5	$\cdots$
r	1	4	6	4	6	$\cdots$

$\Leftarrow$ 一般に，2 以上の自然数 n は最低でも 1 と n の 2 個を約数にもつので
$$S(n) \geqq 1 + n$$
が成り立ちます.

$\Leftarrow$ 「和・差・積の余りは余りの和・差・積に依存する」ので，ここでは一の位だけを取り出して計算していくということです．**12** の**研究**を参照.

$\Leftarrow$ **37** 参照.

となり，$k \geqq 2$ のとき周期 2 で 4，6 を繰り返 ← 余りの数列は周期性に注目します．**42** 参照．
す．よって

$$n \equiv \begin{cases} 6 \cdot 1 \cdot (2 \cdot 1 - 1) & (k=1) \\ 6 \cdot 4 \cdot (2 \cdot 4 - 1) & (k=2, 4, \cdots) \\ 6 \cdot 6 \cdot (2 \cdot 6 - 1) & (k=3, 5, \cdots) \end{cases}$$

$$= \begin{cases} 6 & (k=1) \\ 168 & (k=2, 4, \cdots) \\ 396 & (k=3, 5, \cdots) \end{cases}$$

$$\equiv \begin{cases} 6 & (k=1) \\ 8 & (k=2, 4, \cdots) \\ 6 & (k=3, 5, \cdots) \end{cases}$$

(ii) $a = 6k+1$ の場合

$$n = 2^{6k}(2^{6k+1} - 1)$$
$$= 64^k(2 \cdot 64^k - 1)$$
$$\equiv 4^k(2 \cdot 4^k - 1)$$

ここで，$k=1, 2, 3, \cdots$ に対する 4^k の一の位の数字 r は，(i) と同様に，周期 2 で 4，6 を繰り返す．よって

$$n \equiv \begin{cases} 4 \cdot (2 \cdot 4 - 1) & (k=1, 3, \cdots) \\ 6 \cdot (2 \cdot 6 - 1) & (k=2, 4, \cdots) \end{cases}$$

$$= \begin{cases} 28 & (k=1, 3, \cdots) \\ 66 & (k=2, 4, \cdots) \end{cases}$$

$$\equiv \begin{cases} 8 & (k=1, 3, \cdots) \\ 6 & (k=2, 4, \cdots) \end{cases}$$

以上から，題意は示された．

62 有理数と無理数

Oを原点とする座標平面において，第1象限に属する点P$(\sqrt{2}\,r,\ \sqrt{3}\,s)$ $(r,\ s$ は有理数)をとるとき，線分OPの長さは無理数となることを示せ.

（東京慈恵会医科大）

精 講 「無理数であること」の証明なので，**背理法**の出番です！ すなわち，線分OPの長さを有理数 t とでもおいて議論を始めて，どうにか矛盾を導きたいわけです.

← **4** 参照

←この t を最初から既約分数でおいてもよいでしょう.

手を動かせば，すぐに「有理数」についての等式（解答中の式①）が得られます. ここで，各有理数を $\dfrac{(整数)}{(整数)}$ の形でおいて分母を払えば，「整数（自然数）」についての等式が得られ，**15** **ピタゴラス数**のときの経験が活きそうな形をしています.

解 答

第1象限に属する点P$(\sqrt{2}\,r,\ \sqrt{3}\,s)$ $(r,\ s$ は正の有理数)をとるとき，線分OPの長さは
$$\sqrt{(\sqrt{2}\,r)^2+(\sqrt{3}\,s)^2}=\sqrt{2r^2+3s^2}$$
となる. この値が無理数であることを背理法で示す.

線分OPの長さが有理数であると仮定すると，有理数 t を用いて
$$\sqrt{2r^2+3s^2}=t \qquad \therefore\ 2r^2+3s^2=t^2 \quad \cdots\cdots①$$
とできる. ここで，$r_1,\ r_2,\ s_1,\ s_2,\ t_1,\ t_2$ を正の整数として
$$r=\frac{r_1}{r_2},\ s=\frac{s_1}{s_2},\ t=\frac{t_1}{t_2}$$
とおけて，①に代入すると
$$2\left(\frac{r_1}{r_2}\right)^2+3\left(\frac{s_1}{s_2}\right)^2=\left(\frac{t_1}{t_2}\right)^2$$
$$\therefore\ 2(r_1s_2t_2)^2+3(r_2s_1t_2)^2=(r_2s_2t_1)^2$$
となる. さらに
$$x=r_1s_2t_2,\ y=r_2s_1t_2,\ z=r_2s_2t_1$$

←有理数をこの形でおくときには「既約分数（分母と分子が互いに素）」とするのが基本です. 本問ではその条件を使わないので付していませんが，もちろん付しておいても構いません.

とおくと，x, y, z は正の整数で
$$2x^2+3y^2=z^2 \quad \cdots\cdots②$$
を満たす．

  ここで，x が3の倍数でないとすると
$$x=3X\pm1 \ (X：整数)$$
とおけて，②の左辺に代入すると
$$2x^2+3y^2=2(3X\pm1)^2+3y^2$$
$$=2(9X^2\pm6X+1)+3y^2$$
$$=3(6X^2\pm4X+y^2)+2$$
となるから，$2x^2+3y^2$ を3で割った余りは2である．

  一方，z は
$$z=3Z, \ 3Z\pm1 \ (Z：整数)$$
とおけて，順に
$$z^2=3\cdot3Z^2, \ 3(3Z^2\pm2Z)+1$$
となるから，z^2 を3で割った余りは0または1である．よって，$2x^2+3y^2$ と z^2 をそれぞれ3で割った余りが異なるので，等式②に適さない．

  したがって，x は3の倍数であるから
$$x=3X \ (X：正の整数)$$
とおけて，②に代入すると
$$18X^2+3y^2=z^2 \quad \therefore \quad 3(6X^2+y^2)=z^2 \quad \cdots\cdots③$$
となり，z^2 は3の倍数である．ゆえに，z が3の倍数だから
$$z=3Z \ (Z：正の整数)$$
とおけて，③に代入すると
$$3(6X^2+y^2)=9Z^2 \quad \therefore \quad y^2=3(-2X^2+Z^2) \quad \cdots\cdots④$$
となり，y^2 は3の倍数である．よって，y が3の倍数だから
$$y=3Y \ (Y：正の整数)$$
とおけて，④に代入すると
$$9Y^2=3(-2X^2+Z^2) \quad \therefore \quad 2X^2+3Y^2=Z^2 \quad \cdots\cdots⑤$$

  この⑤は②と同形だから，同様の議論によって X, Y, Z はすべて3の倍数である．

  以上の議論を繰り返すと，x, y, z を何回でも3で割り切れることになるが，整数を3で割り切る回数が有限であることに矛盾する．

  したがって，線分 OP の長さは無理数である．

← 15で扱った等式と似ていますね．今回は，見えている数字「3」に注目します．

← 3の倍数でないということは，3で割った余りが1か2ということです．

つまり「x が3の倍数でないなら等式②に矛盾する」ということが示されました．

このような議論の仕方を**無限降下法**といいます．36で学んだ方法と本質的に同じ方法になります．

63 **因数分解の利用**

整数 a, b, c に対し，$S=a^3+b^3+c^3-3abc$ とおく．

(1) $a+b+c=0$ のとき，$S=0$ であることを示せ．

(2) $S=2022$ をみたす整数 a, b, c は存在しないことを示せ．

(3) $S=63$ かつ $a\leqq b\leqq c$ をみたす整数の組 (a, b, c) をすべて求めよ．

(北海道大)

精講 まず，S の右辺を見たら
$$a^3+b^3+c^3-3abc$$
$$=(a+b+c)(a^2+b^2+c^2-ab-bc-ca)$$
という因数分解に気付いておきたいです．

← 難関大の入試では頻出の因数分解です．

さらに，$a^2+b^2+c^2-ab-bc-ca$ は
$$\frac{1}{2}\{(a-b)^2+(b-c)^2+(c-a)^2\}$$
とすることで，**0 以上**といえますし，他にも
$$(a+b+c)^2-3(ab+bc+ca)$$
とすることで後半部分に **3 の倍数**が現れたりします．

← $\frac{1}{2}$ をくくり出すというアイディアは経験がないと難しいですね．

解 答

(1) $S=a^3+b^3+c^3-3abc$ は
$$S=(a+b+c)(a^2+b^2+c^2-ab-bc-ca)$$
とできるので，$a+b+c=0$ のとき $S=0$ である．

← この(1)だけなら，因数分解に気付かなくても $c=-a-b$ を S に代入して整理すれば証明できます．

(2) $a^2+b^2+c^2-ab-bc-ca$ は
$$a^2+b^2+c^2-ab-bc-ca$$
$$=(a+b+c)^2-3(ab+bc+ca)$$
とできるので
　　$a^2+b^2+c^2-ab-bc-ca$ が 3 の倍数
　　$\Longleftrightarrow a+b+c$ が 3 の倍数
が成り立つ．

したがって，S に含まれる素因数 3 の個数は 0 か 2 以上である．

2022 を素因数分解すると $2\cdot3\cdot337$ となり，素因数 3 の個数が 1 なので，$S=2022$ をみたす整数 a,

← $2022=2\cdot3\cdot337$ なので「3」という数字が出てくるこの変形が使えそうです．

← つまり，S が素因数 3 を「1 個だけ」もつことはないのです．

b, c は存在しない.

(3) $S=63=3^2 \cdot 7$ のとき，(2)の議論により，
$a+b+c$ と $a^2+b^2+c^2-ab-bc-ca$ はともに 3
の倍数である．また

$a^2+b^2+c^2-ab-bc-ca$

$= \dfrac{1}{2}\{(a-b)^2+(b-c)^2+(c-a)^2\}$

$\geqq 0$

であることに注意して

$$\begin{pmatrix} a+b+c \\ a^2+b^2+c^2-ab-bc-ca \end{pmatrix} = \begin{pmatrix} 3 \\ 21 \end{pmatrix}, \begin{pmatrix} 21 \\ 3 \end{pmatrix}$$

に限られる.

(i) $a+b+c=3$ の場合

$a^2+b^2+c^2-ab-bc-ca=21$

$\iff (a+b+c)^2-3(ab+bc+ca)=21$

$\iff ab+bc+ca=-4$

$\iff ab+c(a+b)=-4$

$\iff ab=c^2-3c-4$

  したがって，a と b を解とする x の 2 次方程
式を作って解けば

$x^2-(3-c)x+(c^2-3c-4)=0$

$\therefore \quad x=\dfrac{3-c\pm\sqrt{-3c^2+6c+25}}{2}$

この値が実数であることが必要だから

$-3c^2+6c+25\geqq 0$

$\therefore \quad \dfrac{3-\sqrt{84}}{3} \leqq c \leqq \dfrac{3+\sqrt{84}}{3}$

$a+b+c=3$ と $a\leqq b\leqq c$ から $c>0$ である
ことにも注意して

$c=1,\ 2,\ 3,\ 4$

に限る.

  $c=1$ のとき，$x=\dfrac{2\pm\sqrt{28}}{2}$ となり，これは

整数でないから不適.

  $c=2$ のとき，$x=\dfrac{1\pm\sqrt{25}}{2}=3,\ -2$

a, b, c の対称式が 2 本ある
ので，c を定数と見て $a+b$
と ab を表せば，2 次方程式
← の議論に持ち込めます.

← $(x-a)(x-b)=0$
 $\therefore\ x^2-(a+b)x+ab=0$

←つまり
 $-2.\cdots \leqq c \leqq 4.\cdots$

←ここまで絞れたら，あとは調
 べつくすだけです.

$c=3$ のとき，$x=\dfrac{0\pm\sqrt{16}}{2}=\pm2$

$c=4$ のとき，$x=\dfrac{-1\pm\sqrt{1}}{2}=0,\ -1$

$a\leqq b\leqq c$ に注意して
$\qquad(a,\ b,\ c)=(-1,\ 0,\ 4),\ (-2,\ 2,\ 3)$

(ii)　$a+b+c=21$ の場合
　　(i)と同様にして
$\qquad ab+bc+ca=146\qquad\therefore\quad ab=c^2-21c+146$
となるから，a と b を解とする x の2次方程式
を作って解けば
$$x^2-(21-c)x+(c^2-21c+146)=0$$
$$\therefore\quad x=\frac{21-c\pm\sqrt{-3c^2+42c-143}}{2}$$
この値が実数であることが必要だから
$$-3c^2+42c-143\geqq0$$
$$\therefore\quad \frac{21-\sqrt{12}}{3}\leqq c\leqq\frac{21+\sqrt{12}}{3}$$

←つまり
$5.\cdots\leqq c\leqq8.\cdots$

したがって　$c=6,\ 7,\ 8$　に限る．

$c=6$ のとき，$x=\dfrac{15\pm\sqrt{1}}{2}=8,\ 7$

$c=7$ のとき，$x=\dfrac{14\pm\sqrt{4}}{2}=8,\ 6$

←$a,\ b,\ c$ は大小を無視すれば
対称性があるので，順番を入
れ替えたものが出てきてます．

$c=8$ のとき，$x=\dfrac{13\pm\sqrt{1}}{2}=7,\ 6$

$a\leqq b\leqq c$ に注意して
$\qquad(a,\ b,\ c)=(6,\ 7,\ 8)$

以上から，求める組 $(a,\ b,\ c)$ は
　$(-1,\ 0,\ 4),\ (-2,\ 2,\ 3),\ (6,\ 7,\ 8)$

補足⁺　$a^3+b^3=(a+b)^3-3ab(a+b)$ とできるから
$$
\begin{aligned}
a^3+b^3+c^3-3abc&=(a+b)^3-3ab(a+b)+c^3-3abc\\
&=(a+b)^3+c^3-3ab(a+b)-3abc\\
&=\{(a+b)+c\}^3-3(a+b)c\{(a+b)+c\}-3ab\{(a+b)+c\}\\
&=(a+b+c)\{(a+b+c)^2-3(a+b)c-3ab\}\\
&=(a+b+c)(a^2+b^2+c^2-ab-bc-ca)
\end{aligned}
$$

64　対称式の計算

p を 2 以上の整数とし，$a=p+\sqrt{p^2-1}$，$b=p-\sqrt{p^2-1}$ とする．以下の問に答えよ．

(1)　a^2+b^2 と a^3+b^3 がともに偶数であることを示せ．

(2)　n を 2 以上の整数とする．a^n+b^n が偶数であることを示せ．

(3)　正の整数 n について，$[a^n]$ が奇数であることを示せ．ただし，実数 x に対して，$[x]$ は $m \leqq x < m+1$ を満たす整数 m を表す．

（岐阜大）

精│講　　本問は a^n+b^n という**対称式の扱い**なので，まずは**基本対称式 $a+b$，ab を作**っておくのがセオリーです．

また，a^n+b^n を「数列の一般項」と見れば，(2)は**数学的帰納法**が使えそうなので，**漸化式**を用意しておくと良さそうです．

(3)は，(2)の結果と，$p=\sqrt{p^2-0}$ と $\sqrt{p^2-1}$ がかなり近い数であることを考えれば当然の結果です．

← つまり，b がどのような数かというと…

解　答

$a=p+\sqrt{p^2-1}$，$b=p-\sqrt{p^2-1}$ から
$$a+b=2p,\quad ab=p^2-(p^2-1)=1$$
なので，a と b を解とする x の 2 次方程式は
$$x^2-2px+1=0$$
となる．したがって
$$a^2=2pa-1,\quad b^2=2pb-1 \quad\cdots\cdots①$$
が成り立つ．

数列 $\{c_n\}$ を，$c_n=a^n+b^n$ で定義すると
$$\begin{aligned}
c_{n+2}&=a^{n+2}+b^{n+2}\\
&=a^n\cdot a^2+b^n\cdot b^2\\
&=a^n(2pa-1)+b^n(2pb-1) \quad(\because\ ①)\\
&=2p(a^{n+1}+b^{n+1})-(a^n+b^n)
\end{aligned}$$
$$\therefore\quad c_{n+2}=2pc_{n+1}-c_n \quad\cdots\cdots②$$

← $(x-a)(x-b)=0$
　$\therefore\ x^2-(a+b)x+ab=0$

①を使って次数を下げました．
$a^{n+2}+b^{n+2}$
$=(a+b)(a^{n+1}+b^{n+1})$
$\qquad\qquad-ab(a^n+b^n)$
とする方法もありますが，これだと 3 文字の場合に対応できないので，筆者は次数下げ
← の方がオススメです．

(1)　①から

$$c_2 = (2pa-1)+(2pb-1)$$
$$= 2p(a+b)-2$$
$$= 2(2p^2-1)$$

とできるので，$c_2 = a^2+b^2$ は偶数である.

←もちろん
$a^2+b^2 = (a+b)^2-2ab$
としても OK

また，②から

$$c_3 = 2pc_2-c_1$$
$$= 2p \cdot 2(2p^2-1)-2p$$
$$= 2(4p^3-3p)$$

とできるので，$c_3 = a^3+b^3$ も偶数である.

←もちろん
a^3+b^3
$= (a+b)^3-3ab(a+b)$
としても OK

(2)　2 以上の自然数 n に対して，c_n と c_{n+1} がともに偶数であれば，②から

$$2pc_{n+1}-c_n = 2p(偶数)-(偶数) = (偶数)$$

なので，c_{n+2} は偶数である.

　(1)から c_2 と c_3 は偶数なので，数学的帰納法により，c_n（$n=2$, 3, $\cdots$）は偶数である.

←漸化式が隣接 3 項間なので，初期条件は 2 つ必要です.

(3)　$a = p+\sqrt{p^2+1} > 1$ と $ab=1$ から，$0 < b < 1$ が成り立つので

$$0 < b^n < 1 \quad \cdots\cdots ③$$

が成り立つ.

←p と $\sqrt{p^2+1}$ はかなり近い数なので，b は 0 に近い数だろうと予想できます.

また，(2)から a^n+b^n は偶数なので

$$a^n+b^n = 2N \quad （N：整数）$$

とおけて，③から

$$0 < 2N-a^n < 1$$
$$\therefore \quad 2N-1 < a^n < 2N$$

が成り立つので，$[a^n] = 2N-1$ となり，$[a^n]$ は奇数である.

←つまり，偶数 a^n+b^n から $b^n = 0.\cdots$ を引いたときの整数部分は「1 つ前の奇数」だということです.

65 ペル方程式

整数 x, y が $x^2 - 2y^2 = 1$ をみたすとき，次の問に答えよ．

(1) 整数 a, b, u, v が $(a + b\sqrt{2})(x + y\sqrt{2}) = u + v\sqrt{2}$ をみたすとき，u, v を a, b, x, y で表せ．さらに $a^2 - 2b^2 = 1$ のときの $u^2 - 2v^2$ の値を求めよ．

(2) $1 < x + y\sqrt{2} \leqq 3 + 2\sqrt{2}$ のとき，$x = 3$, $y = 2$ となることを示せ．

(3) 自然数 n に対して，$(3 + 2\sqrt{2})^{n-1} < x + y\sqrt{2} \leqq (3 + 2\sqrt{2})^n$ のとき，$x + y\sqrt{2} = (3 + 2\sqrt{2})^n$ を示せ．

(早　大)

精講 d を平方数でない正の整数とするとき
$$x^2 - dy^2 = 1$$
の形の不定方程式を**ペル方程式**といいます．

◀ d が平方数のときは $d = e^2$ として
$$(x + ey)(x - ey) = 1$$
となるので，簡単に解けます．

このとき，$(x, y) = (\pm 1, 0)$ が自明な解になります．

x と y がともに正の整数の場合，$x + \sqrt{d}y$ の値を最小にするような解 (x, y) を (x_0, y_0) とすれば，n を自然数として
$$x_n + \sqrt{d}y_n = (x_0 + \sqrt{d}y_0)^n$$
となる (x_n, y_n) が解となることが知られています．

◀ 本問はこの事実の $d = 2$ の場合の証明になっています．

(3)は「自然数 n に対応して x, y が決まる」という話なので，上記のように数列 $\{x_n\}$, $\{y_n\}$ を用意しましょう．そして，数列に関する証明なので**数学的帰納法**の出番です．

解答

(1) 左辺 $(a + b\sqrt{2})(x + y\sqrt{2})$ は
$$(a + b\sqrt{2})(x + y\sqrt{2}) = (ax + 2by) + (ay + bx)\sqrt{2}$$
とでき，$ax + 2by$ と $ay + bx$ は整数で，$\sqrt{2}$ は無理数だから，$(a + b\sqrt{2})(x + y\sqrt{2}) = u + v\sqrt{2}$ を満たす整数 u, v は
$$u = ax + 2by, \quad v = ay + bx$$

一般に，有理数 A, B, C, D と無理数 r について
$$A + Br = C + Dr$$
$$\Longleftrightarrow A = C \text{ かつ } B = D$$
が成り立ちます．（証明は背理法による）

である. さらに, $a^2-2b^2=1$ のとき

u^2-2v^2

$=(ax+2by)^2-2(ay+bx)^2$

$=(a^2x^2+4abxy+4b^2y^2)-2(a^2y^2+2abxy+b^2x^2)$

$=(a^2-2b^2)x^2-2(a^2-2b^2)y^2$

$=(a^2-2b^2)(x^2-2y^2)$

$=1$ （$\because$ $x^2-2y^2=a^2-2b^2=1$）

←つまり, (a, b) がもとの方程式の解ならば, (u, v) も解であるということです.

(2) $1<x+y\sqrt{2} \leqq 3+2\sqrt{2}$ ……①

のとき, 各辺に $x-y\sqrt{2}$ （>0）をかけて

$x-y\sqrt{2}<(x+y\sqrt{2})(x-y\sqrt{2})$

$\leqq(3+2\sqrt{2})(x-y\sqrt{2})$

とでき, $x^2-2y^2=1$ だから

$x-y\sqrt{2}<1\leqq(3+2\sqrt{2})(x-y\sqrt{2})$

$\therefore \quad \dfrac{1}{3+2\sqrt{2}}\leqq x-y\sqrt{2}<1$

$\therefore \quad 3-2\sqrt{2}\leqq x-y\sqrt{2}<1$ ……②

①, ②の辺々を足して 2 で割ることで

$2-\sqrt{2}<x<2+\sqrt{2}$

となり, $\sqrt{2}=1.4\cdots$ なので

$0.5\cdots<x<3.4\cdots$

これを満たす整数 x は $x=1, 2, 3$ に限る.

←条件 $x^2-2y^2=1$ を使いたいので, $x-y\sqrt{2}$ をかけます.

←$\dfrac{1}{3+2\sqrt{2}}$

$=\dfrac{1}{3+2\sqrt{2}}\cdot\dfrac{3-2\sqrt{2}}{3-2\sqrt{2}}$

$=\dfrac{3-2\sqrt{2}}{9-8}=3-2\sqrt{2}$

←あとは調べつくせば OK

イ） $x=1$ の場合

$x^2-2y^2=1$ から

$1-2y^2=1$ $\therefore$ $y=0$

このとき, $x+y\sqrt{2}=1$ となり, ①に適さない.

ロ） $x=2$ の場合

$x^2-2y^2=1$ から

$4-2y^2=1$ $\therefore$ $y^2=\dfrac{3}{2}$

これは y が整数であることに適さない.

ハ） $x=3$ の場合

$x^2-2y^2=1$ から

$9-2y^2=1$ $\therefore$ $y=\pm 2$

①も考慮して, $y=2$ である.

以上から，題意は示された.

⑶　自然数 n についての数学的帰納法で示す.

　　整数 x_n, y_n が，$x_n{}^2-2y_n{}^2=1$ と
$$(3+2\sqrt{2})^{n-1} < x_n+y_n\sqrt{2} \leqq (3+2\sqrt{2})^n$$
を満たすとき，$x_n+y_n\sqrt{2}=(3+2\sqrt{2})^n$ であると　← ⑵より，$x_1=3$, $y_1=2$ です.
仮定する.

　　整数 x_{n+1}, y_{n+1} が $x_{n+1}{}^2-2y_{n+1}{}^2=1$ と
$$(3+2\sqrt{2})^n < x_{n+1}+y_{n+1}\sqrt{2} \leqq (3+2\sqrt{2})^{n+1}$$
を満たすならば，辺々に $3-2\sqrt{2}$ をかけて　← $3-2\sqrt{2}=\dfrac{1}{3+2\sqrt{2}}$
$$(3+2\sqrt{2})^{n-1} < (3-2\sqrt{2})(x_{n+1}+y_{n+1}\sqrt{2})$$
$$\leqq (3+2\sqrt{2})^n$$
となる.

　　このとき，$(3-2\sqrt{2})(x_{n+1}+y_{n+1}\sqrt{2})$ は，⑴に
おいて $a=3$, $b=-2$, $x=x_{n+1}$, $y=y_{n+1}$ とした
ものと考えられるから
$$(3-2\sqrt{2})(x_{n+1}+y_{n+1}\sqrt{2})=u+v\sqrt{2} \quad (u, v：整数)$$
とおけて
$$\begin{cases} u^2-2v^2=1 \\ (3+2\sqrt{2})^{n-1} < u+v\sqrt{2} \leqq (3+2\sqrt{2})^n \end{cases}$$
を満たす.

　　よって，この u, v はそれぞれ x_n, y_n で置き換
えられるので，数学的帰納法の仮定により
$$u+v\sqrt{2}=(3+2\sqrt{2})^n$$
$$\therefore \quad (3-2\sqrt{2})(x_{n+1}+y_{n+1}\sqrt{2})=(3+2\sqrt{2})^n$$
この両辺に $3+2\sqrt{2}$ をかけることで
$$x_{n+1}+y_{n+1}\sqrt{2}=(3+2\sqrt{2})^{n+1}$$
が成り立つ.

　　$n=1$ のときは⑵から成り立つので，数学的帰納
法により，題意は示された.

参考〉　本問から，方程式 $x^2-2y^2=1$ を満たす自然数 x, y は
$$x_n+y_n\sqrt{2}=(3+2\sqrt{2})^n \quad (n=1, 2, \cdots)$$
を満たす x_n, y_n と一致します. このとき

$$x_n - y_n\sqrt{2} = \frac{1}{x_n + y_n\sqrt{2}} = \frac{1}{(3+2\sqrt{2})^n} = (3-2\sqrt{2})^n \quad \cdots\cdots(*)$$

とできるから

$$x_n = \frac{(x_n + y_n\sqrt{2}) + (x_n - y_n\sqrt{2})}{2} = \frac{(3+2\sqrt{2})^n + (3-2\sqrt{2})^n}{2}$$

$$y_n = \frac{(x_n + y_n\sqrt{2}) - (x_n - y_n\sqrt{2})}{2\sqrt{2}} = \frac{(3+2\sqrt{2})^n - (3-2\sqrt{2})^n}{2\sqrt{2}}$$

となります.

研究 $3-2\sqrt{2}$ は $0 < 3-2\sqrt{2} < 1$ を満たすから, n を大きくすればするほど $(3-2\sqrt{2})^n$ が 0 に近づきます. このとき, $(*)$ から, $x_n - y_n\sqrt{2}$ が 0 に近づくことになるので, 十分に大きな n で

$$x_n - y_n\sqrt{2} \fallingdotseq 0 \qquad \therefore \quad \sqrt{2} \fallingdotseq \frac{x_n}{y_n}$$

であるといえます.

つまり, 数列 $\left\{\dfrac{x_n}{y_n}\right\}$ の番号 n が進めば進むほど, **$\sqrt{2}$ の精度の高い近似式**を得られるということです. 実際

$$\frac{x_1}{y_1} = \frac{3}{2} = 1.5$$

$$\frac{x_2}{y_2} = \frac{17}{12} = 1.4166666\cdots$$

$$\frac{x_3}{y_3} = \frac{99}{70} = 1.4142857\cdots$$

$$\frac{x_4}{y_4} = \frac{577}{408} = 1.4142156\cdots$$

となり, $\sqrt{2} = 1.41421356\cdots$ にかなり近い数になっています.

66　具体化から抽象化

数列 $\{a_n\}$ を次のように定める.
$$a_1=1,\quad a_{n+1}=a_n{}^2+1 \quad (n=1,\ 2,\ 3,\ \cdots)$$

(1)　正の整数 n が3の倍数のとき, a_n は5の倍数となることを示せ.

(2)　k, n を正の整数とする. a_n が a_k の倍数となるための必要十分条件を k, n を用いて表せ.

(3)　a_{2022} と $(a_{8091})^2$ の最大公約数を求めよ.

(東　大)

精講　(1)は, n が3の倍数のところだけを取り出しての**数学的帰納法**です. つまり, a_n の次が a_{n+3} になるので, 漸化式を(1回だけでなく)必要なだけ繰り返し用いてあげましょう.

　(2)は「(1)で**具体的に示したことを一般化**させる」という, 東大らしい難しさのある問題です. (1)と比べて

a_n が5の倍数 $\longrightarrow$ a_n が a_k の倍数

と変化しているので,「$5=a_k$」となる k が気になります. この k は, (1)の中で $k=3$ とわかるので

n が3の倍数 $\longrightarrow$ n が k の倍数

と読み替えて一般化できそうです.

　(2)の仕組み(とくに解答中の(＊))がわかれば, (3)は再び具体的な数値を入れるだけです.

← a_{n+3} を a_n で表す漸化式を作ってもよいでしょう.

← $n=8091,\ k=2022$

解　答

(1)　数学的帰納法で示す. a_n が5の倍数であると仮定する. 合同式の法を5として
$$a_{n+1}=a_n{}^2+1\equiv 0^2+1=1$$
$$a_{n+2}=a_{n+1}{}^2+1\equiv 1^2+1=2$$
$$a_{n+3}=a_{n+2}{}^2+1\equiv 2^2+1=0$$
となるから, a_{n+3} も5の倍数である.

　また, $a_1=1$ から $a_2=1^2+1=2$ ∴ $a_3=2^2+1=5$
なので, 数学的帰納法により題意は示された.

(2)　まず, 任意の正整数 n に対し
$$a_{n+k}\equiv a_n \quad (\mathrm{mod}\,a_k) \quad \cdots\cdots(＊)$$

(1)は結局のところ
$a_{n+3}\equiv a_n \pmod{a_3}$
← を示したわけです.

が成り立つことを，n についての数学的帰納法で示す．以下，合同式の法を a_k とする．

$a_{n+k} \equiv a_n$ が成り立つと仮定すると，漸化式から

$$a_{n+k+1} = a_{n+k}{}^2 + 1 \equiv a_n{}^2 + 1 = a_{n+1}$$

とできる．また $a_{1+k} = a_k{}^2 + 1 \equiv 1 = a_1$ であるから，数学的帰納法により，任意の正整数 n に対して（＊）が成り立つ．

よって，n を k で割った余りを r とする（ただし，$a_0 = 0$ とする）とき，（＊）を繰り返し用いて

$$a_n \equiv a_{n-k} \equiv a_{n-2k} \equiv \cdots \equiv a_r$$

となり，数列 a_n が増加数列であることとあわせて

$$a_n \text{ が } a_k \text{ の倍数} \iff a_r \text{ が } a_k \text{ の倍数}$$
$$\iff a_r = 0$$
$$\iff r = 0$$
$$\iff \boldsymbol{n \text{ が } k \text{ の倍数}}$$

←つまり，q を整数，r を 0 以上 $k-1$ 以下の整数として，$n = kq + r$ と書けるということです．

←$r < k$ なので $0 \le a_r < a_k$ です．よって，a_r が a_k の倍数になるのは $a_r = 0$ のときだけです．

(3) $8091 = 2022 \times 4 + 3$ なので，（＊）により

$$a_{8091} \equiv a_3 = 5 \pmod{a_{2022}} \qquad \therefore \ (a_{8091})^2 \equiv 5^2 = 25 \pmod{a_{2022}} \quad \cdots\cdots①$$

したがって，a_{2022} と $(a_{8091})^2$ の最大公約数は，a_{2022} と 25 の最大公約数に等しい．

←ユークリッドの互除法です．

(1)の証明を合同式の法を 25 にして書き換えると，$a_n \equiv 5$ と仮定するとき

$$a_{n+1} = a_n{}^2 + 1 \equiv 5^2 + 1 \equiv 1$$
$$a_{n+2} = a_{n+1}{}^2 + 1 \equiv 1^2 + 1 = 2$$
$$a_{n+3} = a_{n+2}{}^2 + 1 \equiv 2^2 + 1 = 5$$

であり，$a_3 = 5$ とあわせて「n が 3 の倍数のとき，a_n を 25 で割った余りが 5 である」といえる．

このことと，2022 が 3 の倍数であることから，a_{2022} を 25 で割った余りは 5 である．　……②

以上から，求める最大公約数は **5** である．

補足╋ 2つの整数 x と y の最大公約数を $G(x, y)$ で表すとします．

①から　$(a_{8091})^2 = a_{2022}M + 25$（$M$：整数）　と表せるので，ユークリッドの互除法により

$$G((a_{8091})^2, a_{2022}) = G(a_{2022}, 25)$$

となります．さらに，②から　$a_{2022} = 25N + 5$（N：整数）　と表せるので

$$G(a_{2022}, 25) = G(25, 5)$$

とでき，25 と 5 の最大公約数は 5 なので，答えが得られたということです．

演習問題の解答

1 (1) $108=2^2 \cdot 3^3$ だから，正の約数の個数は
$$(2+1)(3+1)=\mathbf{12}$$
(2) m, n の正の約数の個数がそれぞれ 80, 72 だから
$$\begin{cases} (a+1)(b+1)=80=2^4 \cdot 5 & \cdots① \\ (c+1)(d+1)=72=2^3 \cdot 3^2 & \cdots② \end{cases}$$
また，$a \geqq c$ に注意すれば，m と n の最大公約数は $2^c 3^b$ または $2^c 3^d$ であるが，$2^c 3^d (=n)$ とすると最大公約数の約数が公約数だから個数が適さない.
よって，m と n の最大公約数は $2^c 3^b$ であり，これの約数の個数が 45 なので
$$(c+1)(b+1)=45=3^2 \cdot 5 \quad \cdots③$$
①，③から
$$b+1=5$$
$$\therefore \quad b=4$$
このとき，①，③から
$$a+1=2^4, \quad c+1=3^2$$
$$\therefore \quad a=15, \quad c=8$$
さらに，②から
$$d+1=2^3$$
$$\therefore \quad d=7$$
以上から，求める a, b, c, d の値は
$$a=\mathbf{15}, \quad b=\mathbf{4}, \quad c=\mathbf{8}, \quad d=\mathbf{7}$$

2 (1) 2数を a, b $(a \leqq b)$ とおき，a, b の最大公約数を g とすれば
$$a=ga', \quad b=gb'$$
$$(a', \ b' \text{ は互いに素})$$
とおけて，条件から
$$g(a'+b')=406=2 \cdot 7 \cdot 29$$
$$ga'b'=2660=2^2 \cdot 5 \cdot 7 \cdot 19$$
である. ここで，$a'+b'$ と $a'b'$ は互いに素だから
$$g=2 \cdot 7=14$$
であり
$$a'+b'=29, \quad a'b'=2 \cdot 5 \cdot 19$$
$$\therefore \quad a'=10, \quad b'=19$$
したがって，求める 2 数は
$$a=14 \cdot 10=\mathbf{140}$$

$$b=14 \cdot 19=\mathbf{266}$$
(2) $\dfrac{12}{25}$ と $\dfrac{28}{27}$ のどちらにかけても自然数になるような有理数は
$$\frac{(25 \text{ と } 27 \text{ の公倍数})}{(12 \text{ と } 28 \text{ の公約数})}$$
の形であり，最小のものは
$$\frac{(25 \text{ と } 27 \text{ の最小公倍数})}{(12 \text{ と } 28 \text{ の最大公約数})}=\frac{\mathbf{675}}{\mathbf{4}}$$

3 (1) $c+3d$ が 5 の倍数なので
$$c+3d=(4a+7b)+3(3a+4b)$$
$$=13a+19b$$
が 5 の倍数である. ところで
$$(13a+19b)+(2a+b)=15a+20b$$
$$=5(3a+4b)$$
となるので，これは 5 の倍数である.
$13a+19b$ が 5 の倍数であることとあわせて，$2a+b$ は 5 の倍数である.
(2) c, d が素数 p の倍数なので
$$c=pC, \quad d=pD \quad (C, \ D : 自然数)$$
とおける. よって
$$4a+7b=pC, \quad 3a+4b=pD$$
であり，この 2 式を a, b についての連立方程式と見て解けば
$$a=\frac{p(-4C+7D)}{5},$$
$$b=\frac{p(3C-4D)}{5}$$
とできる.
ここで，$-4C+7D$ と $3C-4D$ がともに 5 の倍数であると仮定すると
$$a=pA, \quad b=pB \quad (A, \ B : 自然数)$$
という形で表せることになるが，これは a と b が互いに素であることに矛盾する. したがって，a, b が自然数であることとあわせて，p は 5 の倍数である.
p は素数なので，$p=5$ である.

4 (1) $1024=2^{10}$ だから，1024 以下の自然数の中で 1024 との最大公約数が 1 より大きくなるもの（互いに素ではないも

の)は 2 の倍数であり，これは
$2^9=512$ 個ある.

$$\therefore\ E(1024)=1024-512=\mathbf{512}$$

(2) $2015=5\cdot13\cdot31$ だから，2015 以下の自然数の中で 2015 との最大公約数が 1 より大きくなるもの(互いに素ではないもの)は 5，13，31 の倍数である.

$$5,\ 13,\ 31,\ 5\cdot13,\ 13\cdot31,$$
$$31\cdot5,\ 5\cdot13\cdot31$$

の倍数は順に

$$\frac{2015}{5}=403 \text{個},\quad \frac{2015}{13}=155 \text{個},$$
$$\frac{2015}{31}=65 \text{個},\quad \frac{2015}{5\cdot13}=31 \text{個},$$
$$\frac{2015}{13\cdot31}=5 \text{個},\quad \frac{2015}{31\cdot5}=13 \text{個},$$
$$\frac{2015}{5\cdot13\cdot31}=1 \text{個}$$

であるから次図のようになる.

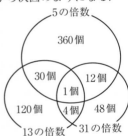

よって，5，13，31 の倍数は全部で
$$360+120+48+30+4+12+1$$
$$=575 \text{個}$$
したがって
$$E(2015)=2015-575=\mathbf{1440}$$

❗注意　集合の要素の個数の公式
$$n(A\cup B\cup C)$$
$$=n(A)+n(B)+n(C)$$
$$\quad -n(A\cap B)-n(B\cap C)-n(C\cap A)$$
$$\quad +n(A\cap B\cap C)$$
を用いて 575 を求めてもよい.

(3) $n=p^m q^m$ との最大公約数が 1 より大きくなるものは，p，q の倍数である.

p の倍数は $\dfrac{n}{p}$ 個，q の倍数は $\dfrac{n}{q}$ 個，

pq の倍数は $\dfrac{n}{pq}$ 個だから，

p，q の倍数は
$$\frac{n}{p}+\frac{n}{q}-\frac{n}{pq}=n\cdot\frac{q+p-1}{pq} \text{個}$$
したがって

$$E(n)=n-n\cdot\frac{q+p-1}{pq}$$
$$=n\cdot\frac{pq-p-q+1}{pq}$$
$$=n\left(1-\frac{1}{p}\right)\left(1-\frac{1}{q}\right)$$

$$\therefore\ \frac{E(n)}{n}=\left(1-\frac{1}{p}\right)\left(1-\frac{1}{q}\right)$$

$p<q$ としても一般性は失われない.
このとき，$p\geqq2$，$q\geqq3$ から
$$1-\frac{1}{p}\geqq\frac{1}{2},\quad 1-\frac{1}{q}\geqq\frac{2}{3}$$
なので

$$\frac{E(n)}{n}=\left(1-\frac{1}{p}\right)\left(1-\frac{1}{q}\right)$$
$$\geqq\frac{1}{2}\cdot\frac{2}{3}=\frac{1}{3}$$

が成り立つ.

5　2 数の最大公約数を g，最小公倍数を l とおく.

$$3029=2171\cdot1+858$$
$$2171=858\cdot2+455$$
$$858=455\cdot2+(-52)$$
$$455=52\cdot9+(-13)$$
$$52=13\cdot4$$

上の計算から，最大公約数 g は
$$g=13$$
このとき，上の計算を逆にたどって
$$52=4g$$
$$455=4g\cdot9-g=35g$$
$$858=35g\cdot2-4g=66g$$
$$2171=66g\cdot2+35g=167g$$
$$3029=167g+66g=233g$$
とできるから，最小公倍数 l は
$$l=13\cdot167\cdot233=\mathbf{505843}$$

6 $n!$ を素因数分解して
$$n!=2^p \cdot 3^q \cdot 5^r \cdots$$
と表すと, $p>r$ であるから, $a_n=r$ である. つまり, a_n は 1 から n をすべて素因数分解したときに現れる 5 の総数である.

(1) $a_5 = \dfrac{5}{5^1} = 1$

$a_{25} = \dfrac{25}{5^2} + \dfrac{25}{5^1} = 1+5 = \mathbf{6}$

(2) $a_{125} = \dfrac{125}{5^3} + \dfrac{125}{5^2} + \dfrac{125}{5^1}$
$$= 1+5+25 = \mathbf{31}$$

(3) $a_n = \dfrac{5^k}{5^k} + \dfrac{5^k}{5^{k-1}} + \dfrac{5^k}{5^{k-2}} + \cdots$
$$\cdots + \dfrac{5^k}{5^2} + \dfrac{5^k}{5^1}$$
$$= 1+5+5^2+\cdots\cdots+5^{k-2}+5^{k-1}$$
$$= \dfrac{1 \cdot (5^k - 1)}{5-1}$$
$$= \dfrac{5^k - 1}{4}$$

第2章

7 $m^3 - m$ を因数分解すると
$$m^3 - m = m(m^2 - 1)$$
$$= (m-1)m(m+1)$$
m を 4 で割った余りで分類して
$$m = 4k-1, \ 4k,$$
$$4k+1, \ 4k+2 \ (k: 整数)$$
とする.

ⅰ) $m = 4k-1$ のとき
$$m+1 = 4k$$

ⅱ) $m = 4k$ のとき
$$m = 4k$$

ⅲ) $m = 4k+1$ のとき
$$m-1 = 4k$$

ⅳ) $m = 4k+2$ のとき
$$m^3 - m = (4k+1)(4k+2)(4k+3)$$
$$= 4K+6 \ (K: 整数)$$
$$= 4(K+1)+2$$
以上から, 題意は示された.

8 $n=1$ のとき $n^3+3 = 4 = 2^2$, $n=2$ のとき $n^7+7 = 135 = 3^3 \cdot 5$ である.
$n \geqq 3$ のとき, k を自然数として

ⅰ) $n = 3k$ のとき
$$n^3+3 = 27k^3+3 = 3(9k^3+1)$$

ⅱ) $n = 3k+1$ のとき
$$n^5+5 = 3(81k^5+135k^4+90k^3$$
$$+30k^2+5k+2)$$

ⅲ) $n = 3k+2$ のとき
$$n+1 = 3(k+1)$$
となり, どれかは 3 より大きい 3 の倍数になる.
よって, 題意は示された.

9 (1) $n=1$, 2, 3 を順に代入して
$$f(1) = 6-15+10-1 = \mathbf{0}$$
$$f(2) = 192-240+80-2 = \mathbf{30}$$
$$f(3) = 1458-1215+270-3 = \mathbf{510}$$

(2) (1)より $f(1)=0$ であるから,
$f(n)$ は $n-1$ を因数にもつ.
したがって
$$f(n) = n(6n^4-15n^3+10n^2-1)$$

$$= (n-1)n(6n^3-9n^2+n+1)$$

とできる．さらに

$$(n-2)(n+1)(n+2)$$
$$= n^3+n^2-4n-4$$

であるから

$$6n^3-9n^2+n+1$$
$$= (n^3+n^2-4n-4)$$
$$\qquad +(5n^3-10n^2+5n+5)$$
$$= (n-2)(n+1)(n+2)$$
$$\qquad +5(n^3-2n^2+n+1)$$

とでき

$$f(n)=(n-2)(n-1)n(n+1)(n+2)$$
$$\qquad +5(n-1)n(n^3-2n^2+n+1)$$

である．

ここで，$(n-2)(n-1)n(n+1)(n+2)$ は連続 5 整数の積なので $5!=120$ の倍数である．

また，$(n-1)n(n^3-2n^2+n+1)$ は

$$(n-1)n(n^3-2n^2+n+1)$$
$$= (n-1)n\{n^2(n-2)+(n+1)\}$$
$$= n^2(n-2)(n-1)n+(n-1)n(n+1)$$

とできる．ここで $(n-2)(n-1)n$ と $(n-1)n(n+1)$ はともに連続 3 整数の積なので $3!=6$ の倍数である．

よって，$5(n-1)n(n^3-2n^2+n+1)$ は $5\cdot6=30$ の倍数である．

以上から，$f(n)$ は 30 で割り切れる．

10 (I) (1)　k を自然数として

$$a=3k-1,\ 3k,\ 3k+1$$

と分類する．

i ）$a=3k-1$ のとき

$$a^2=3(3k^2-2k)+1$$

ii ）$a=3k$ のとき

$$a^2=3\cdot3k^2$$

iii ）$a=3k+1$ のとき

$$a^2=3(3k^2+2k)+1$$

以上から，a^2 を 3 で割った余りは 0 か 1 である．

(2)　自然数 a，b，c が $a^2+b^2=3c^2$ を満たすとき，右辺が 3 の倍数なので a^2+b^2 は 3 の倍数である．

(1)から a^2，b^2 を 3 で割った余りはそれぞれ 0 か 1 なので，a^2+b^2 が 3 の倍数になるのは，a^2 と b^2 がともに 3 の倍数のときである．

このとき，(1)から，k，l を自然数として $a=3k$，$b=3l$ とおけるから

$$a^2+b^2=3c^2$$
$$\Longleftrightarrow 9k^2+9l^2=3c^2$$
$$\Longleftrightarrow 3(k^2+l^2)=c^2$$

よって，c^2 が 3 の倍数になるので，(1)で示したことから c は 3 の倍数である．

(3)　$a^2+b^2=3c^2$ を満たす自然数 a，b，c が存在するならば，(2)から a，b，c はすべて 3 で割り切れる．

このとき，k，l，m を自然数として $a=3k$，$b=3l$，$c=3m$ とおけて

$$a^2+b^2=3c^2$$
$$\Longleftrightarrow 9k^2+9l^2=27m^2$$
$$\Longleftrightarrow k^2+l^2=3m^2$$

この k，l，m に対して同じ議論をくり返すと，k，l，m もすべて 3 で割り切れることになる．

したがって，a，b，c は何度でも 3 で割り切ることができる自然数ということになるが，そのような自然数はないので矛盾．よって，$a^2+b^2=3c^2$ を満たす自然数 a，b，c は存在しない．

10 (II) (1)　a，b がともに奇数であると仮定すれば

$$a=2k+1,\ b=2l+1\ (k,\ l：整数)$$

とおけて

$$a^2-3b^2=(2k+1)^2-3(2l+1)^2$$
$$= 4(k^2+k-3l^2-3l)-2$$
$$= 4(k^2+k-3l^2-3l-1)+2$$

とできるので，a^2-3b^2 を 4 で割った余りは 2 である．

$c=2m,\ 2m+1\ (m：整数)$ とすると

$$c^2=4m^2,\ 4(m^2+m)+1$$

とできるので，c^2 を 4 で割った余りは 0 か 1 である．

これは，$a^2-3b^2=c^2$ に矛盾する．

よって，a，b の少なくとも一方は偶数である.

(2) a，b がともに偶数なら，c も偶数なので

$$a=2k,\ b=2l,\ c=2m$$
$$(k,\ l,\ m：整数)$$

とおけて

$$a^2-3b^2=c^2$$
$$\Longleftrightarrow 4k^2-3\cdot4l^2=4m^2$$
$$\Longleftrightarrow k^2-3l^2=m^2$$

このとき(1)から，k，l の少なくとも一方は偶数なので，a，b の少なくとも一方は4の倍数である.

(3) a が奇数のとき，(1)より b は偶数なので

$$a=2k+1,\ b=2l\ (k,\ l：整数)$$

とおけて

$$c^2=a^2-3b^2$$
$$=(2k+1)^2-3(2l)^2$$
$$=4(k^2+k-3l^2)+1$$

とできるから，c^2 を4で割った余りは1である.

よって，(1)の計算から

$$c=2m+1\ (m：整数)$$

とおけて

$$(2m+1)^2=4(k^2+k-3l^2)+1$$
$$\Longleftrightarrow m^2+m=k^2+k-3l^2$$
$$\Longleftrightarrow 3l^2=k(k+1)-m(m+1)$$

ここで，$k(k+1)$，$m(m+1)$ はともに連続2整数の積なので偶数である.

したがって，$3l^2$ が偶数なので l は偶数である.

ゆえに，$b=2l$ は4の倍数である.

11 (1) a が奇数であり，b も奇数であれば

$$a=2k+1,\ b=2l+1\ (k,\ l：整数)$$

とおけて

$$a^2+b^2=(2k+1)^2+(2l+1)^2$$
$$=4(k^2+k+l^2+l)+2$$

となるから，a^2+b^2 を4で割った余りは2である.

このとき，$a^2+b^2=c^2$ から c は偶数なので $c=2m\ (m：整数)$ とおけて

$$c^2=4m^2$$

となるから，c^2 は4で割り切れる.

これは $a^2+b^2=c^2$ に矛盾している.

よって，a が奇数なら b は偶数であり，このとき $a^2+b^2=c^2$ から c は奇数である.

(2) $a^2+b^2=c^2$ から

$$b^2=c^2-a^2=(c-a)(c+a)$$

とでき，a，c ともに奇数だから $c-a$ と $c+a$ はともに偶数である. よって

$$c-a=2p,\ c+a=2q\ (p,\ q：整数)$$

とおけて，これを解くと

$$a=q-p,\ c=q+p$$

ここで，p，q が1より大きい公約数 g をもつならば，a と c も公約数 g をもつことになり，さらに $a^2+b^2=c^2$ から b も約数 g をもつ.

これは a，b が互いに素であることに矛盾する.

よって，p，q は互いに素である.

$b^2=4pq$ であることとあわせて

$$p=e^2,\ q=d^2$$

となる自然数 d，e が存在する.

したがって，$a+c=2d^2$ となる自然数 d が存在する.

第**3**章

12 (I)　$a=37$，$b=32$ とおくと

$37=32\cdot1+5$

$\iff a=b+5$

$\iff 5=a-b$

$32=5\cdot6+2$

$\iff b=(a-b)\cdot6+2$

$\iff 2=-6a+7b$

$5=2\cdot2+1$

$\iff a-b=(-6a+7b)\cdot2+1$

$\iff 1=13a-15b$

つまり，$37\cdot13+32\cdot(-15)=1$ が成り立つので与式の整数解の1つは

$$\begin{pmatrix} x \\ y \end{pmatrix} = \begin{pmatrix} 13 \\ -15 \end{pmatrix}$$

である．

❗注意　与式を直線の方程式と見れば傾きは $-\dfrac{37}{32}$ だから，直線上の格子点は

$$\begin{pmatrix} x \\ y \end{pmatrix} = \begin{pmatrix} 13 \\ -15 \end{pmatrix} + k \begin{pmatrix} 32 \\ -37 \end{pmatrix} \quad (k：整数)$$

と表せる．したがって，本問の答はこれに当てはまるものであれば何でもよい．

12 (II)　2013 を素因数分解すると
$$2013=3\cdot11\cdot61$$
である．
方程式 $11x+25y=2013$ に $y=0$ を代入すれば
$$11x=2013=3\cdot11\cdot61$$
$$\therefore\quad x=3\cdot61=183$$
この方程式を直線の方程式と見れば，傾きは $-\dfrac{11}{25}$ だから，この直線上の格子点は
$$\begin{pmatrix} x \\ y \end{pmatrix} = \begin{pmatrix} 183 \\ 0 \end{pmatrix} + k \begin{pmatrix} 25 \\ -11 \end{pmatrix} \quad (k：整数)$$
と表せる．x，y がともに 0 以上になる条件は
$$\begin{cases} 183+25k\geqq0 \\ -11k\geqq0 \end{cases}$$

$$\therefore\quad -\frac{183}{25}\leqq k\leqq0$$

これを満たす整数 k は
$$k=-7,\ -6,\ \cdots,\ -1,\ 0$$
の 8 個あるから，$(x,\ y)$ の組は全部で 8 組ある．

x^2+y^2 は xy 平面上での原点から点 $(x,\ y)$ までの距離の平方だから，上の 8 個の点の中で原点から最も遠い点を求めればよく，それは傾き $-\dfrac{11}{25}$ が -1 より大きいことに注目した下図から $k=0$ のとき．

$$\therefore\quad (x,\ y)=(183,\ 0)$$

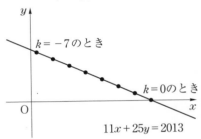

13 (1)　与式の分母を払って
$$8y+4x=xy$$
$$\iff (x-8)(y-4)=32$$
$x-8\geqq-7$，$y-4\geqq-3$ に注意して
$$\begin{pmatrix} x-8 \\ y-4 \end{pmatrix} = \begin{pmatrix} 1 \\ 32 \end{pmatrix},\ \begin{pmatrix} 2 \\ 16 \end{pmatrix},\ \begin{pmatrix} 4 \\ 8 \end{pmatrix}$$
$$\begin{pmatrix} 8 \\ 4 \end{pmatrix},\ \begin{pmatrix} 16 \\ 2 \end{pmatrix},\ \begin{pmatrix} 32 \\ 1 \end{pmatrix}$$
$$\therefore\quad \begin{pmatrix} x \\ y \end{pmatrix} = \begin{pmatrix} 9 \\ 36 \end{pmatrix},\ \begin{pmatrix} 10 \\ 20 \end{pmatrix},\ \begin{pmatrix} 12 \\ 12 \end{pmatrix},$$
$$\begin{pmatrix} 16 \\ 8 \end{pmatrix},\ \begin{pmatrix} 24 \\ 6 \end{pmatrix},\ \begin{pmatrix} 40 \\ 5 \end{pmatrix}$$

(2)　与式の分母を払って
$$2py+px=xy$$
$$\iff (x-2p)(y-p)=2p^2$$
$x-2p\geqq1-2p$，$y-p\geqq1-p$ と p が素数であることに注意して

$$\begin{pmatrix} x-2p \\ y-p \end{pmatrix} = \begin{pmatrix} 1 \\ 2p^2 \end{pmatrix}, \ \begin{pmatrix} 2 \\ p^2 \end{pmatrix}, \ \begin{pmatrix} p \\ 2p \end{pmatrix},$$
$$\begin{pmatrix} 2p \\ p \end{pmatrix}, \ \begin{pmatrix} p^2 \\ 2 \end{pmatrix}, \ \begin{pmatrix} 2p^2 \\ 1 \end{pmatrix}$$
$$\therefore \ \begin{pmatrix} x \\ y \end{pmatrix} = \begin{pmatrix} 2p+1 \\ 2p^2+p \end{pmatrix}, \ \begin{pmatrix} 2p+2 \\ p^2+p \end{pmatrix}, \ \begin{pmatrix} 3p \\ 3p \end{pmatrix},$$
$$\begin{pmatrix} 4p \\ 2p \end{pmatrix}, \ \begin{pmatrix} p^2+2p \\ p+2 \end{pmatrix}, \ \begin{pmatrix} 2p^2+2p \\ p+1 \end{pmatrix}$$

よって，順に

$2x+3y$
$=6p^2+7p+2, \ 3p^2+7p+4, \ 15p,$
$14p, \ 2p^2+7p+6, \ 4p^2+7p+3$

ここで，例えば $p=3$ とすれば，順に

$2x+3y=77, \ 52, \ 45, \ 42, \ 45, \ 60$

であるから，$14p$ が最小値であると予想できる．したがって，これを示す．

$p \geqq 3$ において

$(6p^2+7p+2)-14p$
$\quad =6p^2-7p+2$
$\quad =(3p-2)(2p-1)>0$
$(3p^2+7p+4)-14p$
$\quad =3p^2-7p+4$
$\quad =(3p-4)(p-1)>0$
$15p-14p$
$\quad =p>0$
$(2p^2+7p+6)-14p$
$\quad =2p^2-7p+6$
$\quad =(2p-3)(p-2)>0$
$(4p^2+7p+3)-14p$
$\quad =4p^2-7p+3$
$\quad =(4p-3)(p-1)>0$

以上から，$14p$ が最小値であることが示された．よって，求める x, y の組は

$$(x, \ y)=(4p, \ 2p)$$

14 (1) 二項定理より

$2^n-1=(3-1)^n-1$
$\qquad =3K+(-1)^n-1 \ (K:整数)$

ここで，n が偶数だから $(-1)^n=1$ となり，$2^n-1=3K$ である．

(2) 2^n+1 と 2^n-1 の正の公約数を g(奇数)とすれば

$2^n+1=gk, \ 2^n-1=gl$
$\qquad (k, \ l：自然数)$

とおけて，辺々を引けば

$2=g(k-l)$

g は奇数なので，$g=1$ である．

よって，2^n+1 と 2^n-1 は互いに素である．

(3) $p=2$ の場合，与式は $1=2q^2$ となり q が素数であることに反するので，$p \geqq 3$ である．

つまり p は奇素数であり，$p-1$ は偶数だから(1)より，$2^{p-1}-1$ は 3 の倍数である．

よって，pq^2 が素因数 3 を含むから，$p=3$ または $q=3$ である．

i) $p=3$ の場合，与式から

$2^2-1=3q^2 \quad \therefore \quad q^2=1$

これは q が素数であることに不適．

ii) $q=3$ の場合，与式から

$2^{p-1}-1=9p$

$\therefore \ \left(2^{\frac{p-1}{2}}+1\right)\left(2^{\frac{p-1}{2}}-1\right)=9p$

$p \geqq 5$ から $2^{\frac{p-1}{2}}-1 \geqq 3$ であり，

(2)から $2^{\frac{p-1}{2}}+1$ と $2^{\frac{p-1}{2}}-1$ は互いに素である．

また，$2^{\frac{p-1}{2}}-1$ が 2 の累乗から 1 引いた数であることに注意して

$\left(2^{\frac{p-1}{2}}+1, \ 2^{\frac{p-1}{2}}-1\right)=(9, \ p)$

$\therefore \ p=7$

以上から，求める $p, \ q$ の組は

$$(p, \ q)=(7, \ 3)$$

15 (I) $4 \leqq x \leqq y \leqq z$ とすると

$$\frac{1}{x}+\frac{2}{y}+\frac{3}{z} \leqq \frac{1}{4}+\frac{2}{4}+\frac{3}{4}$$

よって $2 \leqq \dfrac{3}{2}$ となり矛盾．

したがって，$x \leqq 3$ である．

i) $x=1$ のとき，与式から

$$1+\frac{2}{y}+\frac{3}{z}=2$$

$\iff yz-3y-2z=0$

$\iff (y-2)(z-3)=6$

$y-2\geqq -1$, $z-3\geqq -2$ に注意して

$$\binom{y-2}{z-3}=\binom{1}{6},\ \binom{2}{3},\ \binom{3}{2},\ \binom{6}{1}$$

$$\therefore \binom{y}{z}=\binom{3}{9},\ \binom{4}{6},\ \binom{5}{5},\ \binom{8}{4}$$

$y\leqq z$ だから

$$\binom{y}{z}=\binom{3}{9},\ \binom{4}{6},\ \binom{5}{5}$$

ⅱ） $x=2$ のとき，与式から

$$\frac{1}{2}+\frac{2}{y}+\frac{3}{z}=2$$

$$\iff 3yz-6y-4z=0$$

$$\iff (3y-4)(z-2)=8$$

$3y-4\geqq 2$, $z-2\geqq 0$ と $3y-4$ は 3 で割った余りが 2 であることに注意して

$$\binom{3y-4}{z-2}=\binom{2}{4},\ \binom{8}{1}$$

$$\therefore \binom{y}{z}=\binom{2}{6},\ \binom{4}{3}$$

$y\leqq z$ だから

$$\binom{y}{z}=\binom{2}{6}$$

ⅲ） $x=3$ のとき，与式から

$$\frac{1}{3}+\frac{2}{y}+\frac{3}{z}=2$$

$$\iff 5yz-9y-6z=0$$

$$\iff (5y-6)\left(z-\frac{9}{5}\right)=\frac{54}{5}$$

$$\iff (5y-6)(5z-9)=54$$

$5y-6\geqq 9$, $5z-9\geqq 6$ に注意して

$$\binom{5y-6}{5z-9}=\binom{9}{6}$$

$$\therefore \binom{y}{z}=\binom{3}{3}$$

以上から，求める x, y, z の組は

$$\begin{pmatrix}x\\y\\z\end{pmatrix}=\begin{pmatrix}1\\3\\9\end{pmatrix},\ \begin{pmatrix}1\\4\\6\end{pmatrix},\ \begin{pmatrix}1\\5\\5\end{pmatrix},\ \begin{pmatrix}2\\2\\6\end{pmatrix},\ \begin{pmatrix}3\\3\\3\end{pmatrix}$$

15　(Ⅱ)　(1)　$x=1$ のとき，①から

$$1+\frac{1}{2y}+\frac{1}{3z}=\frac{4}{3}$$

$$\iff 2yz-2y-3z=0$$

$$\iff (2y-3)(z-1)=3$$

$2y-3\geqq -1$, $z-1\geqq 0$ に注意して

$$\binom{2y-3}{z-1}=\binom{1}{3},\ \binom{3}{1}$$

$$\therefore \binom{y}{z}=\binom{2}{4},\ \binom{3}{2}$$

(2)　$y\geqq 1$, $z\geqq 1$ なので，①から

$$\frac{1}{x}+\frac{1}{2y}+\frac{1}{3z}\leqq \frac{1}{x}+\frac{1}{2}+\frac{1}{3}$$

$$\iff \frac{4}{3}\leqq \frac{1}{x}+\frac{5}{6}$$

$$\iff \frac{1}{2}\leqq \frac{1}{x}\qquad \therefore\quad 0<x\leqq 2$$

よって，x のとりうる値の範囲は

$$1\leqq x\leqq 2$$

(3)　(2)から，$x=1$, 2 である.

ⅰ） $x=1$ のとき，(1)から

$$\binom{y}{z}=\binom{2}{4},\ \binom{3}{2}$$

ⅱ） $x=2$ のとき，(2)において等号が成立するときだから

$$\binom{y}{z}=\binom{1}{1}$$

以上から，求める x, y, z の組は

$$\begin{pmatrix}x\\y\\z\end{pmatrix}=\begin{pmatrix}1\\2\\4\end{pmatrix},\ \begin{pmatrix}1\\3\\2\end{pmatrix},\ \begin{pmatrix}2\\1\\1\end{pmatrix}$$

15　(Ⅲ)　$3\leqq p$ とすれば，$4\leqq q$, $5\leqq r$ なので

$$1\leqq \frac{1}{p}+\frac{1}{q}+\frac{1}{r}$$

$$\leqq \frac{1}{3}+\frac{1}{4}+\frac{1}{5}=\frac{47}{60}$$

となり，矛盾.

よって，$2\leqq p$ とあわせて，$p=2$ である.

このとき

$$\frac{1}{2}+\frac{1}{q}+\frac{1}{r}\geqq 1$$

$$\Longleftrightarrow qr - 2r - 2q \leqq 0$$
$$\Longleftrightarrow (q-2)(r-2) \leqq 4$$

$0 < q-2 < r-2$ に注意して

$$\binom{q-2}{r-2} = \binom{1}{2}, \ \binom{1}{3}, \ \binom{1}{4}$$

$$\therefore \ \binom{q}{r} = \binom{3}{4}, \ \binom{3}{5}, \ \binom{3}{6}$$

したがって，求める p, q, r の組は

$$\binom{p}{\substack{q\\r}} = \binom{2}{\substack{3\\4}}, \ \binom{2}{\substack{3\\5}}, \ \binom{2}{\substack{3\\6}}$$

16 (1) $\left(1 + \dfrac{1}{x}\right)\left(1 + \dfrac{1}{y}\right) = \dfrac{5}{3}$ の両辺に

$3xy$ をかけて

$$3(x+1)(y+1) = 5xy$$
$$\Longleftrightarrow 2xy - 3x - 3y = 3$$
$$\Longleftrightarrow (2x-3)\left(y - \frac{3}{2}\right) = \frac{15}{2}$$
$$\Longleftrightarrow (2x-3)(2y-3) = 15$$

$1 < x < y$ より $-1 < 2x-3 < 2y-3$ であることに注意して

$$\binom{2x-3}{2y-3} = \binom{1}{15}, \ \binom{3}{5}$$

$$\therefore \ \binom{x}{y} = \binom{2}{9}, \ \binom{3}{4}$$

(2) $x \geqq 3$ とすると，$y \geqq 4, \ z \geqq 5$ なので

$$\left(1 + \frac{1}{x}\right)\left(1 + \frac{1}{y}\right)\left(1 + \frac{1}{z}\right)$$
$$\leqq \left(1 + \frac{1}{3}\right)\left(1 + \frac{1}{4}\right)\left(1 + \frac{1}{5}\right)$$

よって，$\dfrac{12}{5} \leqq 2$ となり，矛盾.

したがって，$x = 2$ である．このとき

$$\left(1 + \frac{1}{2}\right)\left(1 + \frac{1}{y}\right)\left(1 + \frac{1}{z}\right) = \frac{12}{5}$$
$$\Longleftrightarrow 5(y+1)(z+1) = 8yz$$
$$\Longleftrightarrow 3yz - 5y - 5z = 5$$
$$\Longleftrightarrow (3y-5)\left(z - \frac{5}{3}\right) = \frac{40}{3}$$
$$\Longleftrightarrow (3y-5)(3z-5) = 40$$

$2 < y < z$ より $1 < 3y-5 < 3z-5$ である

ことと，$3y-5$ と $3z-5$ はともに 3 で割った余りが 1 であることに注意して

$$\binom{3y-5}{3z-5} = \binom{4}{10}$$

$$\therefore \ \binom{y}{z} = \binom{3}{5}$$

以上から

$$\binom{x}{\substack{y\\z}} = \binom{2}{\substack{3\\5}}$$

17 (1) $xy - 3(x+y+1) = 0$ から

$$(x-3)(y-3) = 12$$

$x - 3 \geqq y - 3 \geqq -2$ に注意して

$$\binom{x-3}{y-3} = \binom{12}{1}, \ \binom{6}{2}, \ \binom{4}{3}$$

$$\therefore \ \binom{x}{y} = \binom{15}{4}, \ \binom{9}{5}, \ \binom{7}{6}$$

(2) 与不等式を同値変形すると

$$4xy - 3(x+y+4) > 0$$
$$\Longleftrightarrow 4xy - 3x - 3y > 12$$
$$\Longleftrightarrow \left(2x - \frac{3}{2}\right)\left(2y - \frac{3}{2}\right) > 12 + \frac{9}{4}$$
$$\Longleftrightarrow (4x-3)(4y-3) > 57 \quad \cdots\cdots ②$$

ここで，$x \geqq y \geqq 4$ から

$$4x - 3 \geqq 4y - 3 \geqq 13$$

なので

$$(4x-3)(4y-3) \geqq 13^2 = 169$$

となり，②は成立する.

したがって，与不等式は成立する.

(3) $x \geqq y \geqq z \geqq 4$ とすると，

$xyz - 3(x+y+z) = 0$ から

$$16x \leqq xyz = 3(x+y+z) \leqq 9x$$

よって，$16 \leqq 9$ となり矛盾する.

したがって，$z = 1, \ 2, \ 3$ である.

i) $z = 1$ のとき，(1)から

$$\binom{x}{y} = \binom{15}{4}, \ \binom{9}{5}, \ \binom{7}{6}$$

ii) $z = 2$ のとき，①から

$$2xy - 3(x+y+2) = 0$$
$$\Longleftrightarrow (2x-3)\left(y - \frac{3}{2}\right) = 6 + \frac{9}{2}$$

$$\Longleftrightarrow (2x-3)(2y-3)=21$$

$x\geqq y\geqq 2$ から $2x-3\geqq 2y-3\geqq 1$ であることに注意して

$$\binom{2x-3}{2y-3}=\binom{21}{1},\ \binom{7}{3}$$
$$\therefore\ \binom{x}{y}=\binom{12}{2},\ \binom{5}{3}$$

iii) $z=3$ のとき，①から

$$3xy-3(x+y+3)=0$$
$$\Longleftrightarrow xy-x-y=3$$
$$\Longleftrightarrow (x-1)(y-1)=4$$

$x\geqq y\geqq 3$ から $x-1\geqq y-1\geqq 2$ であることに注意して

$$\binom{x-1}{y-1}=\binom{2}{2}$$
$$\therefore\ \binom{x}{y}=\binom{3}{3}$$

以上から，求める $x,\ y,\ z$ の組は

$$\begin{pmatrix}x\\y\\z\end{pmatrix}=\begin{pmatrix}15\\4\\1\end{pmatrix},\ \begin{pmatrix}9\\5\\1\end{pmatrix},\ \begin{pmatrix}7\\6\\1\end{pmatrix},$$
$$\begin{pmatrix}12\\2\\2\end{pmatrix},\ \begin{pmatrix}5\\3\\2\end{pmatrix},\ \begin{pmatrix}3\\3\\3\end{pmatrix}$$

第 4 章

18 2 つの整数解を $\alpha,\ \beta\ (\alpha\leqq\beta)$ とすると，解と係数の関係から

$$\alpha+\beta=k,\ \alpha\beta=4k$$

が成り立つ。
この 2 式から k を消去すると

$$\alpha\beta=4(\alpha+\beta)$$
$$\Longleftrightarrow \alpha\beta-4\alpha-4\beta=0$$
$$\Longleftrightarrow (\alpha-4)(\beta-4)=16$$

$\alpha-4\leqq\beta-4$ に注意して

$$\binom{\alpha-4}{\beta-4}=\binom{-16}{-1},\ \binom{-8}{-2},\ \binom{-4}{-4},$$
$$\binom{1}{16},\ \binom{2}{8},\ \binom{4}{4}$$
$$\therefore\ \binom{\alpha}{\beta}=\binom{-12}{3},\ \binom{-4}{2},\ \binom{0}{0},$$
$$\binom{5}{20},\ \binom{6}{12},\ \binom{8}{8}$$

$k=\alpha+\beta$ だから順に

$$k=-9,\ -2,\ 0,\ 25,\ 18,\ 16$$

となり，最小値 m は $m=-9$ である。

$$\therefore\ |m|=|-9|=9$$

19 (1) 与式を n について整理して

$$n^2+(m-7)n-2m^2-2m+25=0$$

とできるので，解の公式により

$$n=\frac{-m+7\pm\sqrt{9m^2-6m-51}}{2}$$

(2) (1)の結果から，n が自然数になるためには，$9m^2-6m-51$ が平方数であることが必要なので

$$9m^2-6m-51=k^2$$
$$(k：0 以上の整数)$$

とおく。このとき

$$(3m-1)^2-52=k^2$$
$$\Longleftrightarrow (3m-1)^2-k^2=52$$
$$\therefore\ (3m-1+k)(3m-1-k)=2^2\cdot 13$$

m が自然数なので $3m-1+k>0$ である。
また，和

$$(3m-1+k)+(3m-1-k)=2(3m-1)$$

が偶数だから $3m-1+k$ と $3m-1-k$

の偶奇は一致する．さらに，
$3m-1-k \leqq 3m-1+k$ に注意して
$$\binom{3m-1-k}{3m-1+k}=\binom{2}{26}$$
これを解いて
$$m=5, \quad k=12$$
(1)から
$$n=\frac{2\pm12}{2}=7, \quad -5$$
n は自然数なので，$n=7$ である．
したがって，求める m，n の組は
$$(\boldsymbol{m}, \boldsymbol{n})=(\boldsymbol{5}, \boldsymbol{7})$$

20 与式は
$$k=-x^3+13x$$
とできるから
$$\begin{cases} y=k \\ y=f(x)=-x^3+13x \end{cases}$$
が異なる3つの格子点上で交わるときを求めればよい．
$$f'(x)=-3x^2+13$$
$$=-3\left(x+\sqrt{\frac{13}{3}}\right)\left(x-\sqrt{\frac{13}{3}}\right)$$
だから，増減は次の通り．

x	$\cdots$	$-\sqrt{\dfrac{13}{3}}$	$\cdots$	$\sqrt{\dfrac{13}{3}}$	$\cdots$
$f'(x)$	$-$	0	$+$	0	$-$
$f(x)$	$\searrow$		$\nearrow$		$\searrow$

よって，$y=f(x)$ の概形は次の通り．

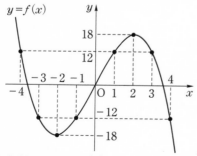

したがって，$y=f(x)$ と $y=k$ のグラフが異なる3つの格子点で交わるのは
$$k=\pm12$$

のときであり，そのときの整数解 x は
$$k=-12 \text{ のとき}$$
$$x=-3, \quad -1, \quad 4$$
$$k=12 \text{ のとき}$$
$$x=-4, \quad 1, \quad 3$$

21 与式の左辺に $x=1$ を代入すると
$$1-(p-3)-3+p-1=0$$
となるので，解の1つは $x=1$ である．
よって
$$(x-1)\{x^2+(-p+4)x+(-p+1)\}=0$$
と因数分解できる．
ここで
$$x^2+(-p+4)x+(-p+1)=0$$
の整数解を α，β $(\alpha \leqq \beta)$ とすると，解と係数の関係から
$$\alpha+\beta=p-4, \quad \alpha\beta=-p+1$$
2式から p を消去すると
$$\alpha\beta+\alpha+\beta=-3$$
$$\Longleftrightarrow (\alpha+1)(\beta+1)=-2$$
$\alpha+1 \leqq \beta+1$ に注意して
$$\binom{\alpha+1}{\beta+1}=\binom{-2}{1}, \quad \binom{-1}{2}$$
$$\therefore \binom{\alpha}{\beta}=\binom{-3}{0}, \quad \binom{-2}{1}$$
$p=\alpha+\beta+4$ だから
$$\boldsymbol{p=1, \quad 3}$$

22 $5n^2-2kn+1=0$ とすると，解の公式により
$$n=\frac{k\pm\sqrt{k^2-5}}{5}$$
であるから，不等式 $5n^2-2kn+1<0$ を解くと
$$\frac{k-\sqrt{k^2-5}}{5}<n<\frac{k+\sqrt{k^2-5}}{5}$$
これを満たす整数 n が，ちょうど1個になるためには，解の幅が正かつ2以下であることが必要なので
$$0<\frac{k+\sqrt{k^2-5}}{5}-\frac{k-\sqrt{k^2-5}}{5}\leqq2$$

$$\iff 0<\frac{2\sqrt{k^2-5}}{5}\leqq 2$$
$$\iff 0<\sqrt{k^2-5}\leqq 5$$
$$\iff 0<k^2-5\leqq 25$$
$$\iff 5<k^2\leqq 30$$

k は正の整数だから，$k=3$，4，5 に限る.

ⅰ) $k=3$ のとき
$$\frac{1}{5}<n<1$$
これを満たす整数 n は存在しない.

ⅱ) $k=4$ のとき
$$\frac{4-\sqrt{11}}{5}<n<\frac{4+\sqrt{11}}{5}$$
$$\therefore \quad \frac{4-3.\cdots}{5}<n<\frac{4+3.\cdots}{5}$$
これを満たす整数 n は $n=1$ の 1 つだけである.

ⅲ) $k=5$ のとき
$$\frac{5-2\sqrt{5}}{5}<n<\frac{5+2\sqrt{5}}{5}$$
$$\therefore \quad \frac{5-4.\cdots}{5}<n<\frac{5+4.\cdots}{5}$$
これを満たす整数 n は $n=1$ の 1 つだけである.

以上から，求める整数 k の値は
$$k=4,\ 5$$

第5章

23 (1)　$11110111100_{(2)}$ を 10 進法で表すと
$$1\cdot 2^{10}+1\cdot 2^9+1\cdot 2^8+1\cdot 2^7$$
$$+1\cdot 2^5+1\cdot 2^4+1\cdot 2^3+1\cdot 2^2$$
$$=1024+512+256+128$$
$$+32+16+8+4$$
$$=\mathbf{1980}$$

$2201100_{(3)}$ を 10 進法で表すと
$$2\cdot 3^6+2\cdot 3^5+1\cdot 3^3+1\cdot 3^2$$
$$=1458+486+27+9$$
$$=\mathbf{1980}$$

(2)　2016 を 2 進法で表すと
$$2016=1024+512+256$$
$$+128+64+32$$
$$=2^{10}+2^9+2^8+2^7+2^6+2^5$$
$$=\mathbf{11111100000_{(2)}}$$

2016 を 3 進法で表すと
$$2016=2\cdot 729+2\cdot 243+2\cdot 27+2\cdot 9$$
$$=2\cdot 3^6+2\cdot 3^5+2\cdot 3^3+2\cdot 3^2$$
$$=\mathbf{2202200_{(3)}}$$

24 (1)　筆算で書くと
```
   10010
+) 10110
-------
  101000
```
よって，求める和は $\mathbf{101000_{(2)}}$ である.

(2)　筆算で書くと
```
  110100
-) 10001
-------
  100011
```
よって，求める差は $\mathbf{100011_{(2)}}$ である.

(3)　筆算で書くと
```
    11011
×)    111
--------
    11011
   11011
  11011
--------
 10111101
```
よって，求める積は $\mathbf{10111101_{(2)}}$ である.

(4)　筆算で書くと

$$\begin{array}{r} 110010 \\ 1010{\overline{)111111010 0}} \\ \underline{1010} \\ 10110100 \\ \underline{1010} \\ 10100 \\ \underline{1010} \\ 0 \end{array}$$

よって，求める商は $110010_{(2)}$ である．

25 (1)　8進法での筆算で書くと

$$\begin{array}{r} 2525 \\ \times)2 \\ \hline 5252 \end{array}$$

$$\therefore\quad 2m=5252_{(8)}$$

❗注意　$m=2525_{(8)}$

$$=2\cdot 8^3+5\cdot 8^2+2\cdot 8+5$$

から

$$2m=4\cdot 8^3+10\cdot 8^2+4\cdot 8+10$$
$$=4\cdot 8^3+(8+2)\cdot 8^2+4\cdot 8+(8+2)$$
$$=5\cdot 8^3+2\cdot 8^2+5\cdot 8+2$$

である．

(2)　求める自然数 n を

$$n=a\cdot 8^3+b\cdot 8^2+c\cdot 8+d$$

とおく．ただし，a は1以上7以下，b, c, d は0以上7以下の整数である．
このとき

$$2n=2a\cdot 8^3+2b\cdot 8^2+2c\cdot 8+2d$$

であり，これを8進法で表したときに4桁だから

$$1\leqq 2a\leqq 7$$
$$\therefore\quad a=1,\ 2,\ 3$$

また，題意から

$$2a\cdot 8^3+2b\cdot 8^2+2c\cdot 8+2d$$
$$=d\cdot 8^3+c\cdot 8^2+b\cdot 8+a\quad\cdots\cdots ①$$

8進法で表したときの1の位に注目すれば，$2d=a$ または $2d=a+8$ である．

i) $2d=a$ の場合
　$a=2$, $d=1$ であり，①から

$$4\cdot 8^3+2b\cdot 8^2+2c\cdot 8+2$$
$$=8^3+c\cdot 8^2+b\cdot 8+2$$
$$\Longleftrightarrow 5b-2c+64=0$$

$$\Longleftrightarrow 5b=2c-64$$

右辺は負なので，これを満たす b, c は存在しない．

ii) $2d=a+8$ の場合
　$a=2$, $d=5$ であり，①から

$$4\cdot 8^3+2b\cdot 8^2+2c\cdot 8+10$$
$$=5\cdot 8^3+c\cdot 8^2+b\cdot 8+2$$
$$\Longleftrightarrow 5b-2c-21=0$$

これを満たす b, c の組は

$$(b,\ c)=(5,\ 2),\ (7,\ 7)$$

である．
以上から，求める自然数は

$$2525_{(8)},\ 2775_{(8)}$$

第6章

26 (I) $\left[\dfrac{1}{3}x+1\right]=[2x-1]=n$

(n：整数)とおくと

$$\begin{cases} n\leqq\dfrac{1}{3}x+1<n+1 \\ n\leqq 2x-1<n+1 \end{cases}$$

$$\therefore \begin{cases} 3n-3\leqq x<3n & \cdots\cdots ① \\ \dfrac{n+1}{2}\leqq x<\dfrac{n+2}{2} & \cdots\cdots ② \end{cases}$$

これを満たす実数 x が存在する条件は

$$3n-3<\dfrac{n+2}{2} \quad かつ \quad \dfrac{n+1}{2}<3n \quad\cdots\cdots ③$$

$$\therefore \quad \dfrac{1}{5}<n<\dfrac{8}{5}$$

n は整数だから $n=1$ で，このとき x の範囲は

$$0\leqq x<3 \quad かつ \quad 1\leqq x<\dfrac{3}{2}$$

$$\therefore \quad 1\leqq x<\dfrac{3}{2}$$

❗注意 ①かつ②を満たす実数 x が存在しない条件 (①と②が重ならない条件) は

$$\dfrac{n+2}{2}\leqq 3n-3 \quad または \quad 3n\leqq\dfrac{n+1}{2}$$

なので，これの否定が解答の③である．

26 (II) k を自然数として，$[\sqrt{n}\,]=k$ とおくと

$$k\leqq\sqrt{n}<k+1$$
$$\Longleftrightarrow k^2\leqq n<k^2+2k+1$$
$$\Longleftrightarrow k\leqq\dfrac{n}{k}<k+2+\dfrac{1}{k}$$

$[\sqrt{n}\,]$ つまり k が n の約数のとき，$\dfrac{n}{k}$ は自然数なので

$$\dfrac{n}{k}=k,\ k+1,\ k+2$$

$$\therefore \quad n=k^2,\ k(k+1),\ k(k+2)$$

したがって

$k=1$ のとき
$$n=1,\ 2,\ 3$$

$k=2$ のとき
$$n=4,\ 6,\ 8$$

と繰り返して

$k=99$ のとき
$$n=9801,\ 9900,\ 9999$$

$k=100$ のとき
$$n=10000,\ 10100,\ 10200$$

n は 10000 以下の正の整数なので，その個数は

$$99\cdot 3+1=\mathbf{298}(個)$$

27 (1) 与式から
$$f(x)-x=-(x-[x])^2+(x-[x])$$

ここで $t=x-[x]$ とおくと
$$f(x)-x=-t^2+t=t(1-t)$$

$[x]\leqq x<[x]+1$ から
$$0\leqq x-[x]<1$$

$$\therefore \quad 0\leqq t<1$$

したがって，$t\geqq 0,\ 1-t>0$ だから $f(x)-x\geqq 0$ つまり $f(x)\geqq x$ が成り立つ．

(2) $x+1-[x+1]=x-[x]$ であるから
$$\begin{aligned} f(x+1) &=[x+1]+2(x+1-[x+1]) \\ &\qquad\quad -(x+1-[x+1])^2 \\ &=[x]+1+2(x-[x])-(x-[x])^2 \\ &=f(x)+1 \end{aligned}$$

(3) $0\leqq x<1$ のとき，$[x]=0$ なので
$$f(x)=2x-x^2=-(x-1)^2+1$$

また，(2)により，グラフ上の各点を x 軸方向に 1 移動し，y 軸方向に 1 移動した点もグラフ上にあるので，$y=f(x)$ のグラフは下の通り．

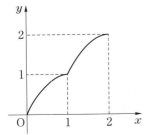

(4) 下図の斜線部の面積が等しいので

$$\int_a^{a+1} f(x)dx = \int_0^1 (2x-x^2)dx + a\cdot 1$$
$$= \left[x^2 - \frac{1}{3}x^3\right]_0^1 + a$$
$$= \frac{2}{3}+a$$

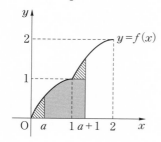

28 $n \geqq 2$ のとき，二項定理により

$$5^n = (4+1)^n$$
$$= {}_nC_n\cdot 4^n + {}_nC_{n-1}\cdot 4^{n-1} + \cdots$$
$$\cdots + {}_nC_2\cdot 4^2 + {}_nC_1\cdot 4^1 + {}_nC_0\cdot 4^0$$
$$= 16K + 4n + 1 \quad (K：整数)$$

とできる．これは $n=1$ のときも成り立つ．よって

$$5^n + an + b$$
$$= 16K + (a+4)n + (b+1)$$

これがすべての正の整数 n に対して 16 の倍数になる条件は

$a+4$，$b+1$ がともに 16 の倍数

であり，a，b はともに 16 以下の正の整数だから

$$\boldsymbol{a=12，b=15}$$

🔴**注意** $n=1$，2 のときの

$$5+a+b，\ 25+2a+b$$

がともに 16 の倍数になることが必要で，このとき差の

$$a+20$$

も 16 の倍数である．

という議論から $a=12$，$b=15$ と予想して，数学的帰納法によりすべての n での成立を証明してもよい．

29 (1) すべての自然数 n に対して，

$n^7 - n$ が 7 の倍数であることを示せばよい．

$$n^7 - n$$
$$= (n-1)n(n+1)(n^4+n^2+1)$$

ここで

$$(n-3)(n-2)(n+2)(n+3)$$
$$= n^4 - 13n^2 + 36$$

であるから

$$n^4 + n^2 + 1$$
$$= (n-3)(n-2)(n+2)(n+3)$$
$$\qquad\qquad + 14n^2 - 35$$

とできる．よって

$$n^7 - n$$
$$= (n-3)(n-2)(n-1)n$$
$$\qquad \times (n+1)(n+2)(n+3)$$
$$\qquad + (n-1)n(n+1)\cdot 7(2n^2-5)$$

となり，これは 7 の倍数である．

(2) 和の余りは，余りの和に依存して

$$f\left(\sum_{k=1}^7 k^n\right) = f\left(\sum_{k=1}^7 f(k^n)\right)$$

である．また(1)で示したことから

$$k^{n+6} - k^n = k^{n-1}(k^7 - k)$$

が 7 の倍数なので

$$f(k^{n+6}) = f(k^n)$$

したがって，$n=1$，2，$\cdots$，6 を調べれば十分である．

$n=1$ のとき

$$f\left(\sum_{k=1}^7 k^n\right) = f\left(\sum_{k=1}^7 f(k)\right)$$
$$= f(f(1)+f(2)+f(3)+f(4)$$
$$\qquad + f(5)+f(6)+f(7))$$
$$= f(1+2+3+4+5+6+0)$$
$$= f(21) = 0$$

$n=2$ のとき

$$f\left(\sum_{k=1}^7 k^n\right) = f\left(\sum_{k=1}^7 f(k^2)\right)$$
$$= f(f(1^2)+f(2^2)+f(3^2)+f(4^2)$$
$$\qquad + f(5^2)+f(6^2)+f(7^2))$$
$$= f(1+4+2+2+4+1+0)$$
$$= f(14) = 0$$

$n=3$ のとき

$$f\left(\sum_{k=1}^7 k^n\right) = f\left(\sum_{k=1}^7 f(k^3)\right)$$

$$= f(f(1^3) + f(2^3) + f(3^3) + f(4^3)$$
$$+ f(5^3) + f(6^3) + f(7^3))$$
$$= f(1+1+6+1+6+6+0)$$
$$= f(21) = 0$$

$n=4$ のとき

$$f\left(\sum_{k=1}^{7} k^n\right) = f\left(\sum_{k=1}^{7} f(k^4)\right)$$
$$= f(f(1^4) + f(2^4) + f(3^4) + f(4^4)$$
$$+ f(5^4) + f(6^4) + f(7^4))$$
$$= f(1+2+4+4+2+1+0)$$
$$= f(14) = 0$$

$n=5$ のとき

$$f\left(\sum_{k=1}^{7} k^n\right) = f\left(\sum_{k=1}^{7} f(k^5)\right)$$
$$= f(f(1^5) + f(2^5) + f(3^5) + f(4^5)$$
$$+ f(5^5) + f(6^5) + f(7^5))$$
$$= f(1+4+5+2+3+6+0)$$
$$= f(21) = 0$$

$n=6$ のとき

$$f\left(\sum_{k=1}^{7} k^n\right) = f\left(\sum_{k=1}^{7} f(k^6)\right)$$
$$= f(f(1^6) + f(2^6) + f(3^6) + f(4^6)$$
$$+ f(5^6) + f(6^6) + f(7^6))$$
$$= f(1+1+1+1+1+1+0)$$
$$= f(6) = 6$$

ゆえに，$g(n)$ の最大値は

$$g(6) = 3 \cdot 6 = \mathbf{18}$$

である．（18 点ください．）

30　(1)　m を自然数，n を 2 以上の自然数として，2 個以上の連続する自然数の和は

$$m + (m+1) + (m+2) + \cdots$$
$$\cdots + (m+n-1)$$
$$= \frac{1}{2} n(2m+n-1)$$

と表せる．

これが 2020 に等しいとき

$$n(2m+n-1) = 2 \cdot 2020 = 2^3 \cdot 5 \cdot 101$$

和：$n + (2m+n-1) = 2(m+n) - 1$ が奇数より，n と $2m+n-1$ の偶奇は異なり，$n < 2m+n-1$ に注意して

$$\binom{2m+n-1}{n}$$
$$= \binom{2^3 \cdot 101}{5}, \ \binom{5 \cdot 101}{2^3}, \ \binom{101}{2^3 \cdot 5}$$
$$\therefore \ \binom{m}{n} = \binom{402}{5}, \ \binom{249}{8}, \ \binom{31}{40}$$

したがって

$$402 + 403 + \cdots + 406$$
$$249 + 250 + \cdots + 256$$
$$31 + 32 + \cdots + 70$$

(2)　2^a を 2 個以上の連続する自然数の和で表せるなら，(1)と同様にして

$$n(2m+n-1) = 2 \cdot 2^a = 2^{a+1}$$

とでき

$$\binom{2m+n-1}{n} = \binom{2^{a+1}}{1}$$

となるが，n が 2 以上の自然数であることに反する．

よって，2^a は 2 個以上の連続する自然数の和で表せない．

(3)　(1)，(2)と同様にして

$$n(2m+n-1) = 2^{a+1}(2b+1)$$

$2^{a+1} > 2b+1$ なら

$$\binom{2m+n-1}{n} = \binom{2^{a+1}}{2b+1}$$
$$\therefore \ \binom{m}{n} = \binom{2^a - b}{2b+1}$$

$2^{a+1} < 2b+1$ なら

$$\binom{2m+n-1}{n} = \binom{2b+1}{2^{a+1}}$$
$$\therefore \ \binom{m}{n} = \binom{-2^a + b + 1}{2^{a+1}}$$

よって，適切な m，n が存在するので 2 個以上の連続する自然数の和で $2^a(2b+1)$ を表せる．

31　(1)　$n=2$ のとき

$$x^2 = (x^2 - 6x - 12) + 6x + 12$$
$$\therefore \ a_2 = 6, \ b_2 = 12$$

(2)　x^n を $x^2 - 6x - 12$ で割ったときの商を $Q(x)$ とおけば

$$x^n = (x^2-6x-12)Q(x) + a_n x + b_n$$

とできて

$$x^{n+1}$$
$$= x(x^2-6x-12)Q(x) + a_n x^2 + b_n x$$
$$= x(x^2-6x-12)Q(x)$$
$$+ a_n(x^2-6x-12)$$
$$+ (6a_n+b_n)x + 12a_n$$

となるから

$$\begin{cases} a_{n+1} = 6a_n + b_n \\ b_{n+1} = 12a_n \end{cases}$$

(3) (1), (2)から, $a_3 = 48$, $b_3 = 72$ であり, a_n と b_n の公約数で素数となるものは 2 と 3 であると予想できる.

(イ) まず, 2 以上のすべての自然数 n で a_n, b_n がともに 6 の倍数であることを示す.

a_n, b_n がともに 6 の倍数であれば, (2)の結果から a_{n+1}, b_{n+1} もともに 6 の倍数である.

(1)の結果とあわせて, 数学的帰納法により, 2 以上のすべての自然数 n で a_n, b_n はともに 6 の倍数である.

(ロ) 次に, 2 と 3 以外に a_n と b_n の公約数で素数となるものは存在しないことを示す.

自然数 n に対して

$$a_{n+1} = pk, \quad b_{n+1} = pl$$

(p:2 と 3 以外の素数, k, l:自然数)

であれば, (2)の結果から

$$pk = 6a_n + b_n, \quad pl = 12a_n$$

p は 2 と 3 以外の素数だから, 第 2 式により, a_n は p の倍数である.

よって, 第 1 式から b_n も p の倍数である. これを繰り返すと, a_2, b_2 も p の倍数であることになるが, (1)の結果に反する.

したがって, 2 と 3 以外に a_n と b_n の公約数で素数となるものは存在しない.

(イ), (ロ)から, a_n と b_n の公約数で素数となるものは 2 と 3 である.